Carl Graf von Klinckowstroem (1884–1969)

Schriftenverzeichnis des Technikhistorikers, Wünschelrutenexperten, Okkultismuskritikers und Bibliophilen

Bearbeitet von

Hartmut Walravens

BoD

Carl Graf von Klinckowstroem
(Mit freundlicher Genehmigung des Deutschen Museums,
Archiv)

Inhaltsverzeichnis

Einleitung

Graf Carl von Klinckowstroem wurde am 16. August 1884 als
Sohn des preußischen Generals Carl Graf von Klinckowstroem
(1848–1903) und seiner Frau Freda Gräfin Vitzhum von Eckstädt (1865–1944) in Potsdam geboren. Er besuchte das Friedrich-Wilhelms-Gymnasium in Berlin und absolvierte zwei Jahre
lang die Kriegsschule zu Engers am Rhein. Die militärische
Laufbahn, die er nach Wunsch des Vaters einschlagen sollte,
war jedoch nicht nach seinem Geschmack, und 1906 ging er
nach München, studierte zunächst Philosophie und verwandte
Fächer innerhalb der Fakultät sowie Physik, das er schließlich
zum Hauptfach wählte. Angeregt durch den Germanisten
Friedrich von der Leyen (1873–1966) beschäftigte er sich mit
dem Physiker Johann Wilhelm Ritter (1776–1810), einem
Freund von Novalis, und plante mit von der Leyen zusammen
eine Neuausgabe von Ritters *Fragmenten aus dem Nachlaß
eines jungen Physikers* (1810). Ritter hatte sich auch für Wünschelrute und Pendel interessiert, und so veröffentlichte Klinckowstroem 1911 eine Bibliographie der Wünschelrute. Er
plante, bei Eilhard Wiedemann (1852–1928) in Erlangen mit
einer Arbeit «Die physikalischen Kenntnisse der Ingenieure des
ausgehenden Mittelalters, dargelegt an einer kriegstechnischen
Bilderhandschrift der Bayerischen Staatsbibliothek von ca.
1410» zu promovieren. Diese Arbeit gedieh jedoch nicht weit,
denn der Ausbruch des Weltkrieges setzte Klinckowstroems
16semestrigem Studium ein Ende; doch im selben Jahre veröffentlichte er zusammen mit Franz Maria Feldhaus (1874–
1957), der ein Archiv der Technikgeschichte aufbaute, die *Ge-*

schichtsblätter für Technik und Industrie, die in 11 Bänden bis 1927 erschienen. Im Ersten Weltkrieg diente er zunächst an der Front, nach einer Verwundung im Generalstab als Hauptmann. Danach lebte er als Privatgelehrter in München; da die Inflation ihn seines Vermögens beraubte – er hatte außerdem in das Technikarchiv seines Freundes Feldhaus investiert (nach *Wikipedia* insgesamt wohl etwa 120000 M[1]) – mußte er nun seinen Lebensunterhalt als Publizist verdienen. In einer Art Kontorbuch, das sich im Nachlaß erhalten hat, ist minutiös verzeichnet, was er wann welcher Zeitung übersandte, und auch, wann er es zurückgesandt bekam. Im Falle der Publikation ist auch das Honorar angegeben. Der Wandel seiner persönlichen Verhältnisse, aber auch die Situation seines Vaterlandes machten ihn für die Propheten eines Neuen Deutschland aufgeschlossen. Er trat «relativ früh» in die NSDAP ein und fand 1932 eine Anstellung bei der Deutschen Arbeitsfront, bei der er ab 1934 die neugeschaffene Abteilung «Geschichte der Arbeit» leitete; der Arbeitsfront verkaufte er später, etwa 1942, seine wertvolle Bibliothek.[2] 1934 wurde die Abteilung unter seiner Leitung mit dem «Archiv des Reichsschulungsamtes» zum Hauptarchiv der NSDAP zusammengelegt.[3] Die Jahre bis 1945 dürfte er als positiv in Erinnerung behalten haben – er konnte weiter an seinen Lieblingsthemen arbeiten, bezog ein ausreichendes Gehalt und blieb im Archiv als NSDAP-Angestellter von den Pressionen des Regimes verschont. So empfand er die Nachkriegsjahre mit ihren Einschränkungen, der Entnazifizierung und der wirtschaftlichen Unsicherheit – er war nun wieder freier Publizist – als bedrückend. Auskunft darüber gibt ein erhaltenes

1   Husberg, 139, spricht von einer Stiftung von 175000 M. (vgl. Literatur über Klinckowstroem)
2   Vgl. *Bibliothek Graf Carl L. von Klinckowstroem* (Schriftenverzeichnis 1074).
3   Husberg 137.

Typoskript mit Auszügen aus Briefen an eine Cousine in Schweden. Ein guter Kontakt entwickelte sich zum Börsenverein des Deutschen Buchhandels, so daß Klinckowstroem zum regelmäßigen Mitarbeiter des Börsenblattes avancierte, das eine große Anzahl seiner Beiträge, vielfach Bibliographien zu technikhistorischen Themen veröffentlichte. Mehrere Würdigungen betonten den großen Wert, den eine Sammlung dieser Arbeiten für die Wissenschaft haben würde. Zwar wurde Klinckowstroem nicht die ironisch erhoffte Ehrendoktorwürde zuteil, aber 1961 erhielt er vom Deutschen Erfinderverband, dem er lange verbunden war, die Diesel-Medaille in Silber. Klinckowstroem starb am 29.8.1969 in München.

Verf. wurde zuerst auf Klinckowstroem aufmerksam, da dieser mit dem E. T. A. Hoffmann-Forscher Carl Georg von Maassen, dem er mehrere Würdigungen widmete, und anderen Mitgliedern des Schwabinger Kreises und der (1.) Gesellschaft der Münchener Bibliophilen (1907–1914) befreundet war. In diesem Umfeld (Emil Hirsch, Franz Blei, Ernst Schulte-Strathaus, Karl Wolfskehl usw.) dürfte sich Klinckostroems Neigung zu Bibliographie und Bibliophilie ausgebildet haben, was wiederum beim Aufbau seiner Privatbibliothek von Nutzen war.
Drei größere Interessen- und Arbeitsgebiete fallen ins Auge:
– die Geschichte der Technik und der Naturwissenschaften, die mit der Beschäftigung mit Ritter zusammenhängt und deren Umfang aus den vielfältigen Notizen, Aufsätzen und Rezensionen in den Geschichtsblättern deutlich wird. Zahlreiche Beiträge hat Klinckowstroem auch zu den Mitteilungen zur Geschichte der Medizin und der Naturwissenschaften beigesteuert; den Höhepunkt bildete seine Geschichte der Technik, von der 1970 immerhin 53000 Exemplare[4] verkauft waren.

---

4 Nach dem Nachruf von Charlotte von Klinckowstroem.

– die Wünschelrute, ebenfalls ein Arbeitsfeld, das sich aus der Beschäftigung mit Ritter ergab. Klinckowstroem veröffentlichte regelmäßig in Wasserbau-Zeitschriften sowie im *Archiv zur Klärung der Wünschelrutenfrage* und war Mitautor des *Handbuchs der Wünschelrute*.

– der kritische Okkultismus. Klinckowstroem ging es um die Aufdeckung von Schwindel und Tricks, und so trat er 1926 dem Magischen Zirkel bei, nicht um selbst als Zauberkünstler aufzutreten, sondern um Medien besser beurteilen und entlarven zu können. Neben zahlreichen Beiträgen in den *Psychischen Studien*, der *Zeitschrift für kritischen Okkultismus* und der Mitarbeit an *Der physikalische Mediumismus* (1925) ist hier besonders *Die Zauberkunst* (1954) zu nennen. Auf Grund seiner skeptisch-kritischen Einstellung nannte ihn Peter Ringger in seinem Nachruf den «Alleszermalmer».[5]

Klinckowstroems Nachlaß befindet sich im Deutschen Museum in München, das nach dem Zweiten Weltkrieg auch Klinckowstroems Bibliothek, als nunmehr herrenloses Parteigut, zugesprochen bekam. Neben zahlreichen Sonderdrucken und Korrespondenzen (privat wie wissenschaftlich) umfaßt er noch Materialien zur Wünschelrute, zu Medien, zu Ritter und zu dem Volkslied vom Jäger aus Kurpfalz. Leider enthält er abgesehen von einigen Fotos kaum etwas Persönliches.

Von den bisherigen biographischen Skizzen Klinckowstroems ist die bedeutendste die aus der Feder seiner Witwe Charlotte, worauf sich notgedrungen alle weiteren Versuche stützen (müssen). Am ausführlichsten ist der Artikel in *Wikipedia*, am enttäuschendsten der in der *NDB*.

Klinckowstroems Arbeiten sind bisher nur von Husberg ansatzweise untersucht worden. Entsprechend der Fragestellung

---

5   Vgl. den Nachruf in *Neue Wissenschaft*.

des Sammelbandes steht dabei die Technikhistorie im Vordergrund – ein großer Teil des Œuvres: Wünschelrute, Okkultismus und Bibliophilie ist also ausgeblendet. Man kann der Argumentation des Autors durchaus zustimmen: Sicherlich ist Klinckowstroems Darstellungsweise weitgehend personen- und faktenbezogen und geht wenig auf den Kontext, wirtschaftlich und sozial, sowie die großen Entwicklungslinien ein. Er räumt indes ein, daß Klinckowstroems eigene Erklärung – da die Technikgeschichtsschreibung erst am Anfang stehe, müsse eine feste Basis von Fakten und Daten geschaffen werden, ehe eine großzügige zusammenfassende Darstellung möglich sei – durchaus etwas für sich habe. Des weiteren stellt er fest, daß Klinckowstroems Arbeiten leicht für ideologische, hier NS-Zwecke, instrumentalisiert werden konnten und der Autor dies auch getan hat. Da läßt sich aus heutiger Sicht nur hinzufügen, daß Klinckowstroem dabei vergleichsweise moderat verfahren ist und daß er als Parteiangestellter da kaum eine Wahl hatte, als seine Stelle aufzugeben. Wie seine privaten Aufzeichnungen belegen, fühlte er sich im Kreise der «einfachen» Pgs. wohl und hielt sie für anständige Menschen. Als nach Kriegsende die Enthüllungen über KZs und Massenmord publik wurden, schob er solche Taten den verbrecherischen höheren Chargen des Systems zu.

Es bleibt zu hoffen, daß weitere Studien über Klinckowstroems Arbeiten folgen werden; dabei dürfte das folgende Schriftenverzeichnis, bei aller Unzulänglichkeit, eine Hilfe sein. Die Bibliographie entstand als Ergebnis jahrelanger Recherchen; für die Zeit bis 1920 liegt Klinckowstroems eigenes, als Privatdruck veröffentlichtes Verzeichnis vor. Viele Zeitungsartikel wurden erst im Frühling 2014 durch eine Teil-Durchsicht des Nachlasses im Archiv des Deutschen Museums ergänzt, dessen Mitarbeitern hier für ihr Entgegenkommen gedankt sei.

Bibliographien sind bekanntlich nie vollständig, und das gilt hier in besonderem Maße. Da Klinckowstroem für den breiten Markt Populärwissenschaftliches und Anekdotisches schrieb, überdies Feuilletonkorrespondenzen für ständiges «Recycling» sorgten, dürfte dem Bearbeiter hier wesentlich mehr entgangen sein als es bei rein wissenschaftlichen Beiträgen der Fall wäre. Daher sind einige kleine Arbeiten, die als Zeitungsausschnitte überliefert sind, trotz ungenügender Identifikation am Ende der Bibliographie verzeichnet.

Charlotte von Klinckowstroem spricht in ihrem Nachruf von «über 500» Beiträgen für das *Börsenblatt des Deutschen Buchhandels*. Die ermittelte Zahl ist wesentlich geringer; sollte es sich bei der Zahl nicht um einen Irrtum handeln, müßte man wohl zahlreiche ungezeichnete kleine Beiträge annehmen.

Die folgende kurze Eintragung dürfte von Klinckowstroem selbst stammen und wird deshalb hier wiedergegeben:

Reichshandbuch der deutschen Gesellschaft. 1930, I, 947
Privatgelehrter; Hauptmann d. Res. a.D.; korrespondierendes Mitglied der Society for Psychical Research, London. – Geb. 26.8.1884 in Potsdam als Sohn des Generalmajors a.D. Carl Graf v. K., verst. 1903, und dessen Gattin, geb. Gräfin Vitzthum v. Eckstädt. – Nach der Reifeprüfung am Friedrich-Wilhelms-Gymnasium in Berlin studierte v. K. von 1906 bis 1913 an den Universitäten München und Erlangen Philosophie, Literaturgeschichte und Physik, nachdem er 1906 Leutnant im Garde-Jäger-Batl. in Potsdam geworden war. Nach dem Abschlusse seiner Studien wurde er Privatgelehrter. – Während des Krieges war er als Hauptmann d. Res. zunächst im Felde und nach einer Verwundung im Stellvertretenden Generalstab in Berlin beschäftigt. – Werke: Bibliographie der Wünschelrute

(1911); Nachtrag dazu (1912); Luftfahrten in der Literatur (1911, ZfBfr); Neues von der Wünschelrute (2. Aufl. 1919); Die Wünschelrute als wissenschaftliches Problem (mit W. v. Gulat-Wellenburg und H. Rosenbusch. Stuttgart 1922); Der physikalische Mediumismus (Berlin 1923); An der Grenze des Wissens: Okkultismus (in Quelle des Wissens. Berlin 1927) sowie zahlreiche Veröffentlichungen auf dem Gebiete der Geschichte, der exakten Wissenschaften und der Technik, des kritischen Okkultismus und der Kulturgeschichte. – Von 1914 bis 1927 war v. K. Mitherausgeber der *Geschichtsblätter für Technik und Industrie* (zusammen mit Dr.-Ing. e.h. F. M. Feldhaus) und ist seit 1913 Herausgeber der Klassiker der Naturwissenschaften und Technik (zusammen mit Prof. Dr. F. Strunz). – Er gehört u. a. der Deutschen Gesellschaft für die Geschichte der Medizin und der Naturwissenschaften an. – München, Agnesstr. 44/O.

Zur Bibliographie

Die Angaben sind möglichst genau dem Original entsprechend aufgenommen, also ggf. mit Titel- und Ortsangabe für den Autor. Das Material ist durchweg nach Autopsie beschrieben, nicht gesehene Stücke sind gekennzeichnet. Die namentliche Zeichnung, etwa «K.», «vKl.» usw. ist wiedergegeben und in eine eigene Zeile unter die Titelaufnahme gesetzt.
Inhaltliche und bibliographische Bezüge sind, soweit bekannt, durch «Zu:» eingeleitet.

Auf die Angabe «S.» (Seite) ist weitgehend verzichtet; der Zusatz ist nur in Zweifelsfällen gemacht.

Nummern von Periodica sind entweder als «Nr» oder durch Beifügung mit Doppelpunkt (Beispiel: 1936:3, d.h. Nr 3 des Jahrgangs 1936) gekennzeichnet.

Die bibliographischen Angaben des Autors für *besprochene* Werke sind manchmal recht unvollständig; sie sind nicht ergänzt oder überarbeitet worden, sondern werden originalgetreu wiedergegeben.

Abkürzungen

BB	Börsenblatt für den Deutschen Buchhandel, Frankf. Ausg.
DAZ	Deutsche Allgemeine Zeitung
DCN	Deutsch-chinesische Nachrichten
NDB	Neue Deutsche Biographie
NZZ	Neue Zürcher Zeitung
SD	Sonderdruck

Schriftenverzeichnis Carl Graf v. Klinckowstroem

1903

1 Ein merkwürdiger Fall von Katalepsie aus alter Zeit. Mitgetheilt von Graf Klinckowstroem. (Aus dem Journal von und über Deutschland, herausgegeben von Siegmund Freyherrn von Bibra zu Fulda: Zweiter Jahrgang, 1785; Viertes Stück, Seite 311.)
Psychische Studien 1903, 606–608

1904

2 Gibt es ein Weiterleben nach dem Tode? Gespräch zwischen einem Monisten und einem Spiritualisten.
Freie Meinung [Berlin] 3.1904:47, S. 8–17
Exemplar nicht erm.

3 Ein Kampf um die Wünschelrute im Jahre 1782. Aus dem Journal encyclopédique, herausgegeben von Weissenbruch und Lutton. Übersetzt und mitgeteilt von Gräfin Maria Klinckowstroem und Graf Carl Klinckowstroem.
Die übersinnliche Welt 1904, 26–31, 53–59

4 Physiologie, oder die Kunst, den Charakter des Menschen aus den Gesichtszügen zu erkennen. Aus der französischen Zeitschrift Le Spectateur du Nord, Maiheft 1802, übersetzt von Carl Graf Klinckowstroem.
Die übersinnliche Welt 1904, 302–306

5 Merkwürdige Thatsachen aus alter Zeit. Übersetzt und mitgetheilt von Carl Graf Klinckowstroem.
Psychische Studien 31.1904, 17–19

6   Ein bemerkenswerter Fall eingebildeter Hexerei. (Entnom-
    men dem Journal von und über Deutschland, zweiter Jahr-
    gang, 1785, herausgegeben von Siegmund Freiherrn v. Bibra
    zu Fulda.) Mitgetheilt von Graf C. Klinckowstroem.
    Psychische Studien 31.1904, 113–116

7   Graphologie – Telepathie?
    Psychische Studien 31.1904, 178–179
    Graf C. Klinckowstroem

8   Ahndung der Zukunft. Von Thiel. (Entnommen dem April-
    heft 1798 der Schlesischen Provinzialblätter, herausg. von
    Streit und Zimmermann.) Mitgetheilt von C. Graf Klinckow-
    stroem.
    Psychische Studien 31.1904, 303–307

9   Bericht über einen Geist, der am 13. Oktober 1781 erschie-
    nen ist. Entnommen aus No. 3 der Zeitschrift Pot-Pourri
    (herausgegeben von Wanberk zu Frankfurt a.M.) vom Jahre
    1781; den Psych. Studien mitgetheilt und übersetzt von
    Maria Gräfin Klinckowstroem und Carl Graf Klinckow-
    stroem. [Satire].
    Psychische Studien 31.1904, 374–381

10 Zur Graphologie. Das Geschlecht in der Schrift. Von Henri
    de Parville. (Übersetzt und mit einem Nachwort versehen
    von Graf C. Klinckowstroem.)
    Psychische Studien 31.1904, 406–410

11 Beobachtungen über die Feinheit der Sinne bei Blinden. Ent-
    nommen dem Aprilheft des Journal encyclopédique vom

Jahre 1769. Übersetzt und mitgetheilt von Gräfin Maria Klinckowstroem und Graf Carl Klinckowstroem.
Psychische Studien 31.1904, 479–481

12 Ein weiterer Fall von Katalepsie aus alter Zeit. Aus dem April-Heft des Journ. encyclopédique von 1769. Übersetzt und mitgetheilt von Graf C. Klinckowstroem.
Psychische Studien 31.1904, 608–610

1907

13 Kleine Mitteilungen. Von C. Graf Klinckowstroem (München).
Psychische Studien 34.1907, 633–636

1908

14 Beitrag zur Geschichte der Wünschelrute und verwandter Erscheinungen, namentlich der Ritter'schen Pendelversuche. Von Graf Carl Klinckowstroem.
Psychische Studien 35.1908, 76–87

15 Johann Wilhelm Ritter und seine Fragmente. Mitgeteilt von Graf Carl Klinckowstroem-München.
Psychische Studien 35.1908, 523–531

16 Noch etwas Nachträgliches über das Thema: Wünschelrute und Pendelphänomen. Von Graf C. Klinckowstroem-München.
Psychische Studien 35.1908, 419–422

1909

17 Zur Vorgeschichte der Luftschiffahrt.

Naturwissenschaftlicher Bücherfreund. München: Ottmar Schönhuth Nachf. 1909. Nr 2, S. 33–38
Rez.: *Mitteilungen zur Geschichte der Medizin und der Naturwissenschaften* 9.1910, 275–276 (Günther)
Exemplar nicht ermittelt.

18 Ein Flugprojekt von 1709. Eine historisch-kritische Studie.
Ostpreußische Zeitung. Sonntags-Feuilleton Nr 43: 24.10. 1909
Exemplar nicht ermittelt.

19 Zur Nostradamus-Bibliographie.
Die übersinnliche Welt 17.1909, 318–319; 1910, 115–116
Graf Carl v. Klinckowstroem

20 Zum Thema Wünschelrute.
Die übersinnliche Welt 17.1909, 385–387
Graf Carl v. Klinckowstroem

21 Rätsel des Seelenlebens. Von Graf Carl Klinckowstroem.
Neue Revue 3.1909, 117–119

1910
22 Zwei Kapitel aus der Geschichte der Technik. [Flugmaschine und Automobil.] Eine Plauderei von Graf Carl v. Klinckowstroem.
Der Sammler. Beiblatt der Augsburger Abendzeitung. Nr 83: 12.7.1910, 7–8

23 Das Problem der Wünschelrute. Von Graf Carl v. Klinckowstroem (München).
   Westermanns Monatshefte 54.1910:5 (Februar), S. 729–733

24 Zur Vorgeschichte der Luftschiffahrt. Von Carl Graf v. Klin-
   ckowstroem.
   Sankt Georg. Deutsche Sportzeitung [Berlin] 11.1910, Nr 18,
   S. 721–723. Mit 4 Abb.
   Autoref.: *Mitteilungen zur Geschichte der Medizin und der
   Naturwissenschaften* 10. 1911, 173

25 Tito Livio Burattini, ein Flugtechniker des 17. Jahrhunderts.
   Von Graf Carl von Klinckowstroem.
   Prometheus 22.1910, Nr 8 (= Nr 1100), S. 117–120
   Autoref.: *Mitteilungen zur Geschichte der Medizin und der
   Naturwissenschaften* 11. 1912, 39

26 Ein Vortrag Leo Erichsen's über okkulte Phänomene. Eine
   prinzipielle Besprechung von Graf Carl v. Klinckowstroem.
   Psychische Studien 1910, 278–283

27 Graf Karl v. Klinckowstroem, München: Virgula divina. Ein
   Beitrag zur Geschichte der Wünschelrute.
   Dokumente des Fortschritts 1910, Nr 8, S. 583–588
   Autoref.: *Mitteilungen zur Geschichte der Medizin und der
   Naturwissenschaften* 10. 1911, 173

28 [Rez.] Georg Rothe: Die Wünschelrute. Historisch-theore-
   tische Studie. Jena: Eugen Diederichs 1910. XVIII, 118 S.
   8°

Mitteilungen zur Geschichte der Medizin und der Naturwissenschaften 9.1910, 369
Graf Carl v. Klinckowstroem, München

29 Die Flugblätter von 1709 (Gusmão).
Mitteilungen zur Geschichte der Medizin und der Naturwissenschaften 9.1910, 509–510
Graf Carl v. Klinckowstroem, München

30 [Rez.] F. M. Feldhaus: Ruhmesblätter der Technik. Von den Urerfindungen bis zur Gegenwart. Mit dem Bildnis Leonardo da Vincis und 231 Abbildungen und Tafeln nach den Originalen. Leipzig: Friedrich Brandstetter 1910. VIII, 631 S. gr.8°.
Mitteilungen zur Geschichte der Medizin und der Naturwissenschaften 9.1910, 402–405
Graf Carl von Klinckowstroem, München

31 [Rez.] J. Maxwell: Neuland der Seele. Anleitung zu einwandfreier Darstellung und Ausführung psychischer Versuche. Mit einem Vorwort von Charles Richet, Mitglied der Akademie für Medizin, Professor an der med. Fakultät in Paris. Stuttgart: Julius Hoffmann (1910). 339 S. 8°
Mitteilungen zur Geschichte der Medizin und der Naturwissenschaften 9.1910, 533
Graf Carl v. Klinckowstroem, München

1911

32 Der Erfinder des Teleskops. Von Graf Carl v. Klinckowstroem, München.

Mitteilungen zur Geschichte der Medizin und der Naturwissenschaften 10.1911, 249–257
Ausführliches Referat darüber in *Prometheus* 22.1911: Nr 1131.

33 Die Versuche mit der Wünschelrute im Kalibergwerk Riedel und die Kritik. Von Graf Karl v. Klinckowstroem, München.
Zeitschrift des Vereines der Gas- und Wasserfachmänner in Österreich-Ungarn 29.1911, 74–77

34 Herr v. Zwergern und die Wünschelrute. Von Graf Karl von Klinckowstroem.
Zeitschrift des Vereines der Gas- und Wasserfachmänner in Österreich-Ungarn 29.1911, 77–79

35 *Ueber den Lyrismus bei Max Halbe in seinen Beziehungen zur Anakreontik der Spätromantiker.* Inaugural-Dissertation zur Erlangung der philosophischen Doktorwürde an der Universität Omaha (Neb. U. S. A.) Eingereicht von Gussie McBill [von Carl Georg von Maassen; Franz Blei; Ernst Schulte-Strathaus; Carl Ludwig Friedrich Otto von Klinckowstroem].
Verlag: Henheloe (N. C.) [i.e. Rudolstadt] D. C. Halfbeer [i.e. Mänicke & Jahn] 1911. 37 S. 110 Exemplare. [Eine angebliche Dissertation, in der Halbe verulkt wird.]

36 Die Entdeckung des Kautschukbaums. (Aus den Quellenforschungen zur Geschichte der Technik und Naturwissenschaften) von Graf Carl v. Klinckowstroem.
Gummi-Zeitung 25.1911: Nr 38, S. 1449–1454

37 Der erste Pulverprober.
Schuß und Waffe 4.1911, Nr 22, S. 434. Mit 1 Abb.
C. v. Klinckowstroem–München

38 Zur Vorgeschichte des Automobils. Von Graf Carl von Klinckowstroem.
Sankt Georg. Deutsche Sportzeitung [Berlin]   11.1911, Nr
41, S. 1533–1534. Mit 6 Abb.

39 Til luftskibsfartens forhistorie.   Av grev Carl Klinckowstroem, München.
Naturen [Bergen] 35.1911, 361–370. Mit 7 Abb.

40 Die Gusmão-Flugblätter von 1709. Von Graf Carl von Klinckowstroem in München. Mit fünf Abbildungen.
Zeitschrift für Bücherfreunde NF 3.1911, 36–41

41 Beitrag zur Gusmão-Bibliographie. Von Graf Carl v. Klinckowstroem-München. (Mit 2 Abbildungen.)
*Archiv für Geschichte der Naturwissenschaft und der Tech-
nik* 3.1911 (1912), 214–223. Mit 2 Abb.
Rez.: *Mitteilungen zur Geschichte der Medizin und der Naturwissenschaften* 10.1911, 462–463 (Günther)

42 Graf Carl v. Klinckowstroem, München: Der angebliche Kanalflug von 1751.
Dokumente des Fortschritts. Internationale Revue. Berlin
4.1911. S. 798–801
Rez.: *Mitteilungen zur Geschichte der Medizin und der Naturwissenschaften* 11.1912, 162 (Johann Wittmann)

43 Luftfahrten in der Literatur. Von Graf Carl von Klinckow-
   stroem in München.
   Zeitschrift für Bücherfreunde NF 3.1911, 250–264. Mit 15
   Abb.
   Zu J. Minor ebda. 1909, 64ff.

44 Das Problem der Wünschelrute. Von Graf Carl von Klinckowstroem, München. Mit 4 Abbildungen.
   Technische Monatshefte 1911, 340–345

45 Carl Graf v. Klinckowstroem: *Bibliographie der Wünschelrute*. Mit einer Einleitung von Dr. Ed[uard] Aigner: Der gegenwärtige Stand der Wünschelruten-Forschung.
   München: O. Schönhuth Nachf. [A. Dultz] in Komm. 1911.
   146 S. 8° 550 Exemplare
   Rez.: *Mitteilungen zur Geschichte der Medizin und der Naturwissenschaften* 11.1912, 38 (A. Kistner)
   Zeitschrift für Bücherfreunde NF 3.1911, Literaturteil, 121
   (Kurt Pinthus)

46 Mißerfolge der Wünschelrute. Von Graf Carl v. Klinckowstroem, München.
   Der städtische Tiefbau [Heidelberg] 1911:21, S. 297–300;
   1912:2, S. 20–25

47 Gedankenübertragung oder Gedankenlesen?
   Münchener Neueste Nachrichten Nr 157 v. 3. April 1911, 2.
   Blatt
   Graf Carl v. Klinckowstroem

48 Graf Carl v. Klinckowstroem, München: Gedankenübertragung.
Dokumente des Fortschritts 1911, 128–134

49 [Gedankenleser in München (André Andrejé).]
Psychische Studien 1911, 288–289
Graf Carl von Klinckowstroem

50 [Fußnote zu:] Bormann: Bellini in München.
Psychische Studien 1911, 249–251
Graf Klinckowstroem

51 Noch einmal Gedankenübertragung.
Psychische Studien 1911, 370–371
München, 7. Mai 1911.
Graf Carl v. Klinckowstroem

52 Gedankenübertragung. Von Graf Carl v. Klinckowstroem, München.
Psychische Studien 1911, 584–593
Abgedruckt aus den Dokumenten des Fortschritts 1911:2.

53 [Rez.] Ludwig Deinhard: Das Mysterium des Menschen im Lichte der psychischen Forschung. Eine Einführung in den Okkultismus. Berlin: Reichl (1910). 336 S. 8°
Mitteilungen zur Geschichte der Medizin und der Naturwissenschaften 10. 1911, 103–104
Graf Carl von Klinckowstroem, München

54 Ein Luftschiff von 1524.
*Mitteilungen zur Geschichte der Medizin und der Naturwis-
senschaften* 10.1911, 128–129
Graf Carl v. Klinckowstroem-München

55 [Rez.] Adam Voll: Die Wünschelrute und der (sic! - Ref.) si-
derische Pendel. Ein Versuch zu einer praktisch-wissen-
schaftlichen Studie. Mit 17 Abbildungen. Leipzig: Max Altmann 1910. 113 S. 8°
*Mitteilungen zur Geschichte der Medizin und der Naturwis-
senschaften* 10.1911, 172–173
Graf Carl v. Klinckowstroem, München

56 [Rez.] Vicomte de Faria: Le précurseur des navigateurs
aériens, Bartholomeu Lourenço de Gusmão, «l'homme vo-
lant» portugais, né au Brésil (1685–1724). Revendication en
faveur du premier inventeur des aérostats. Paris: Académie
aéronautique Bartholomeu de Gusmão 1910. 96 S. Mit 2
Abb. 8°
*Mitteilungen zur Geschichte der Medizin und der Naturwis-
senschaften* 10. 1911, 174–175
Graf Carl v. Klinckowstroem, München

57 [Rez.] Pierre Paul Plan: Jean Jacques Rousseau aviateur.
Mercure de France, 16. Oktober 1910.
*Mitteilungen zur Geschichte der Medizin und der Naturwis-
senschaften* 10. 1911, 178–179
Graf Carl von Klinckowstroem, München

58 [Rez.] Paul Brockett: Bibliography of aeronautics. Washington: Smithsonian Institution 1910. XIV, 940 S. gr.8°
(Smithsonian miscellaneous collections 55.)
Mitteilungen zur Geschichte der Medizin und der Naturwissenschaften 10. 1911, 179–180
Graf Carl von Klinckowstroem, München

59 [Eberhard Guernerus] Happelius [1647–1690].
Mitteilungen zur Geschichte der Medizin und der Naturwissenschaften 10. 1911, 300
Graf Carl v. Klinckowstroem, München

60 [Rez.] Katalog der historischen Abteilung der ersten internationalen Luftschiffahrtsausstellung (Ila) zu Frankfurt a. M. 1909. Von Dr. Louis Liebmann und Dr. Gustav Wahl, Bibliothekar der Senckenbergischen Bibliothek zu Frankfurt a.M. Frankfurt a.M.: Franz Benjamin Auffahrth 1911. Lieferung I: Bilderabteilung Teil 1. 144 S. gr.8°
Mitteilungen zur Geschichte der Medizin und der Naturwissenschaften 10. 1911, 311
Graf Carl v. Klinckowstroem, München

61 [Rez.] Oskar Gluth: Wilhelm Bauer, der Erfinder des unabhängigen Unterseeboots. Sein Werk und seine Enttäuschungen im Rahmen seines Lebens dargestellt. Mit zwei Porträts und fünf erläuternden Abbildungen. München, Leipzig: Hans Sachs-Verlag Gotthilf Haist 1911. 59 S. gr.8°
Mitteilungen zur Geschichte der Medizin und der Naturwissenschaften 10. 1911, 463–465
Graf Carl v. Klinckowstroem, München

1912

62 Graf Carl von Klinckowstroem: *Bibliographie der Wün-
schelrute seit 1910 und Nachträge (1610–1909).*
Stuttgart: Wittwer 1912. S. 1–43
(Schriften des Verbands zur Klärung der Wünschelruten-
Frage 3,1.)
Seit 1910 u. Nachträge <1610–1909>. 1912. 52 S.
Bis Ende 1914 u. Nachträge. 1914. S. 128–167
1916. gr.8°
(Schriften des Verbands zur Klärung der Wünschelruten-
Frage. 7,2)
Rez.: *Mitteilungen zur Geschichte der Medizin und der Na-
turwissenschaften* 12.1913, 40 (Günther); 17.1918, 37 (Ru-
dolph Zaunick)

63 Ingenieur König's endgültige Verurteilung der Wünschel-
rute. Eine Besprechung. Von Graf Karl v. Klinckowstroem,
München.
*Zeitschrift des Vereins der Gas- und Wasserfachmänner in
Österreich-Ungarn* 52.1911(1912), 150–153
SD 4 S.

64 Die Wünschelrute.
*Zeitschrift des Vereins der Gas- und Wasserfachmänner in
Österreich-Ungarn* 52.1911(1912), 154–155
Graf Karl v. Klinckowstroem

65 Ein Flugprojekt von 1709. Eine historisch-kritische Studie
von Graf Carl von Klinckowstroem.
Sankt Georg 1912, H. 30, S. 910–911. Mit 4 Abb.

66 Ein Katalog zur Geschichte der Technik.
Mitteilungen vom Verband Deutscher Patentanwälte 12.
1912, Nr 3, S. 33–35. Mit 1 Abb.
Graf Carl von Klinckowstroem
[Betr. die Quellenforschungen von Feldhaus.]

67 Grundwasser und Wünschelrute. Eine Entgegnung. Von
Graf Carl v. Klinckowstroem, München.
Das Wasser 1912, 138–141. Mit 2 Profilskizzen.
Auch abgedruckt in der *Zeitschrift des internationalen Vereins der Bohringenieure und Bohrtechniker* 1912:8, S. 91–94

68 Die Wünschelrute und ihre Beweise. Von Graf Karl v. Klinckowstroem, München.
Zeitschrift des Vereins der Gas- und Wasserfachmänner in Österreich-Ungarn 52.1911(1912), 369–379
Wieder abgedruckt in der *Grazer Montanzeitung* 1913, 2–4, 24–26; in Hildebrandts *Zentralblatt der Pumpenindustrie und Wassertechnik*. Berlin 1912, Nr 25–28; in der *Internationalen Mineralquellenzeitung*. Wien 1912, im Beiblatt *Technische Revue* Nr 291–293.

69 [Rez.] Richard Hennig: Flugversuche des Mittelalters. Sonntagsbeilage zur Vossischen Zeitung, Nr 463, 2. Okt. 1910.
Mitteilungen zur Geschichte der Medizin und der Naturwissenschaften 11.1912, 39
Graf Carl v. Klinckowstroem

70 [Rez.] Bruno Meissner: Luftfahrten im alten Orient. Mitteilungen der Schlesischen Gesellschaft für Volkskunde. Breslau. 12.1910, 40–47.
Mitteilungen zur Geschichte der Medizin und der Naturwissenschaften 11.1912, 39
Graf Carl v. Klinckowstroem, München

71 Quellenangaben zur Geschichte der Naturwissenschaften.
Mitteilungen zur Geschichte der Medizin und der Naturwissenschaften 11. 1912, 106–108
Graf Carl von Klinckowstroem, München

72 [Rez.] W. Hommel: Berghauptmann Löhneysen, ein Plagiator des 17. Jahrhunderts. Chemiker-Zeitung, Cöthen, Nr 15, 3. Febr. 1912.
Mitteilungen zur Geschichte der Medizin und der Naturwissenschaften 11. 1912, 259–260
Graf Carl von Klinckowstroem, München

73 [Rez.] Walter Obst: Luftschiffahrtskunde vor 60 Jahren in Altona. Hamburger Fremdenblatt, Nr 300, 23. Dez. 1909.
Mitteilungen zur Geschichte der Medizin und der Naturwissenschaften 11.1912, 161–162
Graf Carl v. Klinckowstroem

74 [Rez.] Léon Coutil: Jean-Pierre Blanchard, physicien-aéronaute. Les Andelys, 4 juillet 1753, Paris, 7 mars 1809. Biographie et iconographie. Évreux: Impr. Charles Hérissey 1911. 80 S. Mit 23 Abb. und 1 Titelvign. gr.8°

Mitteilungen zur Geschichte der Medizin und der Naturwissenschaften 11. 1912, 162
Graf Carl v. Klinckowstroem, München

1913

75 Beiträge zur Geschichte der Wassererschließung. Aus den Quellenforschungen zur Geschichte der Technik und der Naturwissenschaften. Von Graf Karl von Klinckowstroem, München.
Wien 1913. 30 S. Mit 14 Abb.
Sonderabdruck aus der *Zeitschrift des Vereins der Gas- und Wasserfachmänner in Österreich-Ungarn*. Wien 1913, Heft 12–15. [S. 321–324, 370–376]
Rez.: *Mitteilungen zur Geschichte der Medizin und der Naturwissenschaften* 13.1914, 63 (Günther)

76 Wünschelrutenversuche im Auslande. Mitgeteilt von Graf Karl von Klinckowstroem.
Sonderabdruck aus den Heften 15–17 [S. 400–407, 424–432, 451–459] der *Zeitschrift des Vereins der Gas- und Wasserfachmänner in Österreich-Ungarn* 1913. 26 S. Mit 6 Abb. 4°
Der letzte Abschnitt des Aufsatzes ist nur im Sonderabdruck zum Abdruck gekommen, der gelegentlich der Septembertagung des Verbandes zur Klärung der Wünschelrutenfrage 1913 zur Verteilung gelangt ist.

77 Ergebnisse der Tätigkeit des Landrats von Uslar in Deutschland. Bearbeitet von Graf Carl v. Klinckowstroem. Mit 13 Figuren.
Stuttgart: K. Wittwer 1913, 15–88

Schriften des Verbandes zur Klärung der Wünschelruten-frage. Heft 4.1913, 15–88. Mit 13 Bohrprofilen.

78 Herr Dr. Poskin (Spa) und die Wünschelrute. Mit 6 Plan- und 3 Profilskizzen. Mitgeteilt von Graf Karl von Klinckow-stroem.
Zeitschrift des Vereins der Gas- und Wasserfachmänner in Österreich-Ungarn 1913, 11–18, 30–40, 57–62, 84-90.

79 Die Wünschelrute im Auslande. Mitgeteilt von Graf Karl von Klinckowstroem.
Zeitschrift des Vereins der Gas- und Wasserfachmänner in Österreich-Ungarn 1913, 134–139, 159–164

80 Zur Theorie der Wünschelrute. Von Graf Carl v. Klinckow-stroem-München.
Das Wasser 1913, Beiblatt Die Wünschelrute 1913: Nr 22.23. (Keine Paginierung)
Auch abgedruckt in den *Psychischen Studien* 1913, 268–275

81 Johann Wilhelm Ritter und die Wünschelrute. Eine histori-sche Studie. Von Graf Carl v. Klinckowstroem.
Das Wasser, Beiblatt Die Wünschelrute 1913, Nr 32–34. Unpag. (5 S.) 4°
Wieder abgedruckt in der *Wasserwirtschaftlichen Rund-schau* 1914:2, S. 25–26

82 Die ältesten Ausgaben der «Prophéties» des Nostradamus. Ein Beitrag zur Nostradamus-Bibliographie. Von Graf Carl v. Klinckowstroem in München. Mit 14 Abbildungen.

Zeitschrift für Bücherfreunde NF 4.1913:2, S. 361–372 [Beschreibung von 25 Ausgaben.]

83 Nochmals der Jäger aus Kurpfalz.
Coblenzer Zeitung Nr 545 vom 25. Nov. 1913.
Auch abgedruckt im *Öffentlichen Anzeiger für den Kreis Kreuznach* Nr 279 v. 29. Nov. 1913, und in der *Heidelberger Rundschau* (Halbmonatsbeilage zum Heidelberger Tageblatt) Nr 2 v. 1. Dez. 1913

84 Der Streit um die denkenden Pferde. Von Graf Carl v. Klinckowstroem, München.
Psychische Studien 1913, 340–347
24.IV.1913 [Referat über Ettlinger; eine Notiz zu dem Thema schon 1912, S. 310.]

85 [Rez.] Sotheran, Henry & Co.: Bibliotheca chemico-mathematica. Catalogue of important works, many old and rare, on mathematics, astronomy, physics, chemistry, and kindred subjects. Part VII, forming part II of the supplement. London 1912. Katalog 725.
Mitteilungen zur Geschichte der Medizin und der Naturwissenschaften 12. 1913, 153–155
Graf Carl v. Klinckowstroem, München

86 [Rez.] Louis Liebmann, Gustav Wahl: Katalog der Historischen Abteilung der Ersten Internationalen Luftschiffahrts-Ausstellung (IIa) zu Frankfurt a. M. 1909. Lieferung II (Schluß des Werkes): Bilderabteilung Teil II und Bücherabteilung. Mit 2 Tafeln und 80 Abbildungen. Frankfurt a. M.: Wüsten & Co. 1912. gr.8°.

Mitteilungen zur Geschichte der Medizin und der Naturwissenschaften 12. 1913, 155–156
Graf Carl v. Klinckowstroem, München

87 [Rez.] Wer war der erste Flugpraktiker? Deutsche Luftfahrer-Zeitschrift. Berlin, 30. April 1913, Nr 9, S. 211–213
Mitteilungen zur Geschichte der Medizin und der Naturwissenschaften 12. 1913, 443–444
Graf Carl v. Klinckowstroem, München

1914

88 [Hrsg.] *Geschichtsblätter für Technik, Industrie und Gewerbe. Illustrierte Monatsschrift.* Herausgegeben von Graf Carl v. Klinckowstroem, München, Hohenzollernstr. 130, Ingenieur Franz M. Feldhaus, Berlin-Friedenau, Kaiserallee 75
1.1914–11.1927
1–4: Berlin: Verlagsbuchhandlung Fr. Zillessen [Umschlag Nr 1: Buchdruckerei Gutenberg (Fr. Zillessen)]
5 ff. Berlin-Friedenau: Verlag der Quellenforschungen zur Geschichte der Technik und Industrie.

89 Zur Einführung.
Geschichtsblätter für Technik, Industrie und Gewerbe 1.1 914, 1–2
Die Schriftleitung

90 [Rez.] O. Bechstein: Aus den Kindertagen der Technik. Prometheus. 25.1913, 157–158.
Geschichtsblätter für Technik, Industrie und Gewerbe 1. 1914, 16
Kl.

91 [Rez.] Julius Hübscher: Farben und Maltechnik in Altertum und Neuzeit. Prometheus 25.1913, 193–197.
Geschichtsblätter für Technik, Industrie und Gewerbe 1. 1914, 16–17
Kl.

92 [Rez.] A. Haberlandt: Die Wasserversorgung der Wüsten und Steppen Zentralasiens. Internationale Zeitschrift für Wasserversorgung 1.1914, 22–23.
Geschichtsblätter für Technik, Industrie und Gewerbe 1. 1914, 17–18
Kl.

93 [Rez.] Otto Burgemeister: Der Großschiffahrtsweg Berlin-Stettin und seine geschichtliche, politische und wirtschaftliche Bedeutung. Ein Beitrag zur Geschichte des Kanalbaues in Deutschland. Wasserwirtschaftliche Rundschau 7.1914, 237-242.
Gerhard Tölle: Die Entwicklungsgeschichte der deutschen Wasserstraßen. Ebenda, S. 244–245.
Geschichtsblätter für Technik, Industrie und Gewerbe 1. 1914, 18–19
Kl.

94 [Rez.] W. Haberling: Die Militärfilter des Advokaten Amy (1750). Deutsche Militärärztliche Zeitschrift. 1914, 321–332.
Geschichtsblätter für Technik, Industrie und Gewerbe 1. 1914, 19
Kl.

95 [Rez.] Sanitäre Anlagen.
Geschichtsblätter für Technik, Industrie und Gewerbe 1.
1914, 20
Kl.

96 [Rez.] W. Bickerich: Die Lissaer Pulvermühlen und die Familie Zugehör. Zeitschriften der historischen Gesellschaft für die Provinz Posen 28.1913, 2. Halbbd.
Geschichtsblätter für Technik, Industrie und Gewerbe 1.
1914, 22
Kl.

97 [Rez.] Frd. Freise: Bergbau vor 5000 Jahren. Technische Monatshefte. Stuttgart 1914:1, 31–33.
Geschichtsblätter für Technik, Industrie und Gewerbe 1.
1914, 22–23
Kl.

98 [Rez.] H. Rousset: Métallurgistes français de la préhistoire. Cosmos. 15.4. 1914, no. 1525, S. 426–427.
Geschichtsblätter für Technik, Industrie und Gewerbe 1.
1914, 23
Kl.

99 [Rez.] H. Rousset: Les étapes de la découverte du gaz à l'eau. Cosmos. 53.1914, no. 1523, S. 372–373.
Geschichtsblätter für Technik, Industrie und Gewerbe 1.
1914, 23
Kl.

100 [Rez.] A. Schick: Erwähnung eines Vorgängers des Kom-
passes in Deutschland um die Mitte des 13. Jahrhunderts.
Mitteilungen zur Geschichte der Medizin und der Naturwiss. 13.1914, 333–343.
Geschichtsblätter für Technik, Industrie und Gewerbe 1.
1914, 25
Kl.

101 [Rez.] F. M. Feldhaus: Ein Wecker als Heilmittel gegen
Zahnkrämpfe. Dt. Uhrmacher-Zeitung. Berlin 1914:8, S.
125.
Geschichtsblätter für Technik, Industrie und Gewerbe 1.
1914, 26
Kl.

102 [Rez.] W. Schulz: Ein zeitgenössischer Versuch zur Ent-
schleierung des Mechanismus des Drozschen Schreiber-
Androiden. Dt. Uhrmacher-Zeitung. 1913, 12, 25, 92, 123.
Geschichtsblätter für Technik, Industrie und Gewerbe. 1.
1914, 26
Kl.

103 [Rez.] F. M. Feldhaus: Deutschlands älteste Handwerker-
bilder. Über Land und Meer. 1913:8, S. 216.
Geschichtsblätter für Technik, Industrie und Gewerbe 1.
1914, 27–28
Kl.

104 [Rez.] F. M. Feldhaus: Die Trotszichmüll. In: Anzeiger für
die Draht-Industrie. 23.1914, 170.

Geschichtsblätter für Technik, Industrie und Gewerbe 1.
1914, 28
Kl.

105 [Rez.] Brauwesen.
Geschichtsblätter für Technik, Industrie und Gewerbe 1.
1914, 29
Kl.

106 [Rez.] Fr. Bestehorn: Die geschichtliche Entwicklung des
märkischen Fischereiwesens. Archiv für Fischereigeschichte 1.1913, 7–199.
Geschichtsblätter für Technik, Industrie und Gewerbe 1.
1914, 29–30
Kl.

107 [Rez.] Wäscherei.
Geschichtsblätter für Technik, Industrie und Gewerbe 1.
1914, 30
Kl.

108 [Rez.] Fr. Sprater: Das römische Rheinzabern und seine Industrie. Prometheus 25.1914, 235–237; 266–268; 310–314.
Geschichtsblätter für Technik, Industrie und Gewerbe 1.
1914, 30–31
Kl.

109 [Rez.] Cajetan Freund: Die München-Augsburger Abendzeitung. Ein kurzer Abriß ihrer mehr als 300jährigen Geschichte 1609–1914. Auf Grund des von Verlagsdirektor

Ernst Heuser gesammelten Materials bearbeitet. München 1914.
Geschichtsblätter für Technik, Industrie und Gewerbe 1. 1914, 31–32
Kl.

110 [Rez.] S. v. Jezewski: Die Zeißwerke in Jena. Aus der Geschichte des Werks. Prometheus 25.1914, 470–473.
Geschichtsblätter für Technik, Industrie und Gewerbe 1. 1914, 35
Kl.

111 [Rez.] Katalog der Bibliothek des Kaiserl. Patentamts. Stand vom 1. Jan. 1913. 3 Bde. Berlin 1913.
Geschichtsblätter für Technik, Industrie und Gewerbe 1. 1914, 38–39
Kl.

112 [Rez.] Hugo Mötefindt: Zerealienfunde in vorgeschichtlicher Zeit aus den thüringisch-sächsischen Ländern. Naturwiss. Wochenschrift NF 13.1914, 294–297.
Geschichtsblätter für Technik, Industrie und Gewerbe 1. 1914, 64–65
Kl.

113 [Rez.] J. A. Schneider-Franken: Die Technik der Wandgemälde von Tiryns. Mitteilungen des Kaiserl. Dt. Archäol. Instituts, Athenische Abtlg. 38.1913, 187–190.
Geschichtsblätter für Technik, Industrie und Gewerbe 1. 1914, 65
Kl.

114 [Rez.] N. J. Gannopulos: Zwei prähistorische Siegel. Mitteilungen des Kais. Deutschen Archäologischen Instituts, Athen. Abteilung. 38.1913, 29–30.
Geschichtsblätter für Technik, Industrie und Gewerbe 1. 1914, 65–66
Kl.

115 [Rez.] Prof. W. Dörpfeld: Die Beleuchtung der griechischen Tempel. Zeitschrift für die Geschichte der Architektur 6.1913, 1–12
Geschichtsblätter für Technik, Industrie und Gewerbe 1. 1914, 69
Kl.

116 [Rez.] Fr. Behn: Die Musik im römischen Heer. Mainzer Zeitschrift 7.1912, 36–47, 1 Taf., 16 Abb.
Geschichtsblätter für Technik, Industrie und Gewerbe 1. 1914, 69
Kl.

117 [Rez.] Dr. F. Sprater: Das frührömische Erdkastell bei Rheingönheim. Mannheimer Geschichtsblätter 14.1913, 228–229
Geschichtsblätter für Technik, Industrie und Gewerbe 1. 1914, 70
Kl.

118 [Rez.] G. Behrens: Neue Funde aus dem Kastell Mainz. Mainzer Zeitschrift 7.1912, 82–109, 2 Taf., 21 Abb.

Geschichtsblätter für Technik, Industrie und Gewerbe 1. 1914, 70
Kl.

119 Saalburg [Notiz].
Geschichtsblätter für Technik, Industrie und Gewerbe 1. 1914, 71
Kl.

120 [Rez.] Karl Lohmeyer: Briefe Balthasar Neumanns über die Anlage der Coblenzer Wasserleitung 1751–1753. Zeitschrift für die Geschichte der Architektur 6.1913, 13–17
Geschichtsblätter für Technik, Industrie und Gewerbe 1. 1914, 73
Kl.

121 [Rez.] Prof. Dr. Krafft: Die Sprengstoffe. Kosmos. Juli 1914, 308–310
Geschichtsblätter für Technik, Industrie und Gewerbe 1. 1914, 74
Kl.

122 [Rez.] Geh. Medizinalrat Prof. Dr. Otto Körner: Geist und Methode der Natur- und Krankheitsbeobachtung im griechischen Altertume. Ein Beitrag zur Würdigung der humanistischen Vorbildung für den ärztlichen Stand. Rektoratsrede gehalten am 28. Februar 1914. Rostock 1914. 27 S.
Geschichtsblätter für Technik, Industrie und Gewerbe 1. 1914, 74–75
Kl.

123 [Rez.] Prof. Dr. Franz Strunz: Die Vergangenheit der Naturforschung. Ein Beitrag zur Geschichte des menschlichen Geistes. Mit 12 Taf. Jena: E. Diederichs 1913. VIII, 196 S.
Geschichtsblätter für Technik, Industrie und Gewerbe 1. 1914, 75–76
Kl.

124 [Rez.] Dr. Ing. Frd. Freise: Aus der alten Geschichte der Industrie der Balkanländer. Archiv für die Geschichte der Naturwissenschaften und der Technik 5.1914, 241–250.
Geschichtsblätter für Technik, Industrie und Gewerbe 1. 1914, 79–80
Kl.

125 [Rez.] Bergassessor L. Rose: Die Zinnerzgänge und der alte Zinnbergbau im sächsischen Bereich des Eibenstöcker Granitmassivs unter Berücksichtigung der Möglichkeit der Wiederaufnahme. Glückauf! 50.1914, H. 27 u. 28.
Geschichtsblätter für Technik, Industrie und Gewerbe 1. 1914, 80
Kl.

126 [Rez.] Dr. Gotth. Leimbach: Die Erforschung des Erdinnern mittelst elektrischer Wellen. Echo [Berlin] 1914, Heft 27.
Geschichtsblätter für Technik, Industrie und Gewerbe 1. 1914, 80–81
Kl.

127 [Rez.] Dr. Paul Roth: Leipzig, der Mittelpunkt des Buchhandels. Den Besuchern der Internationalen Ausstellung

für Buchgewerbe und Graphik, Leipzig 1914, überreicht
vom Verein der Buchhändler zu Leipzig. Leipzig 1914. 93
S.
*Geschichtsblätter für Technik, Industrie und Gewerbe 1.
1914, 82–83*
Kl.

127a [Rez.] W. Niemann: Die Entdeckung des sogenannten
«Drummond-Lichtes». Archiv für die Geschichte der Na-
turwissenschaften und der Technik 5.914, 202–206, 3 Abb.
*Geschichtsblätter für Technik, Industrie und Gewerbe 1.
1914, 83*
Kl.

128 [Rez.] Prof. Edmund Weinwurm: Die Bierbereitung einst
und jetzt. Prometheus 25.1914, 596–600, 614–616, 4 Abb.
*Geschichtsblätter für Technik, Industrie und Gewerbe 1.
1914, 84*
Kl.

129 [Rez.] Stadtarchivar Prof. Vogeler: Die Soester Glocken-
gießerfamilie Neelmann. Westfalen 5.1913, 10–26.
*Geschichtsblätter für Technik, Industrie und Gewerbe 1.
1914, 85*
Kl.

130 [Rez.] Karl Wüstefeld: Untergegangene Gewerbe in Du-
derstadt. Unser Eichsfeld 9.1914, 119–124.
*Geschichtsblätter für Technik, Industrie und Gewerbe 1.
1914, 85*
Kl.

131 [Rez.] Dr. Stockmeier: Die Entwicklung der chemisch-
technischen Abteilung der Bayerischen Landesgewerbe-
anstalt. Bayerische Landesgewerbezeitung 6.1914, Nr 10 u.
11.
Geschichtsblätter für Technik, Industrie und Gewerbe 1.
1914, 88
Kl.

132 Holzpapier.
Geschichtsblätter für Technik, Industrie und Gewerbe 1.
1914, 90
Kl.

133 [Rez.] E. de Golyer: Die Geschichte der Erdölindustrie in
Mexiko. Zeitschrift des Internationalen Vereins der Bohr-
ingenieure und Bohrtechniker 21.1914, 165–166, 176–177
Geschichtsblätter für Technik, Industrie und Gewerbe 1.
1914, 119–120
Kl.

134 [Rez.] C. Schenkling: Zur Geschichte der Seide. Natur und
Kultur 11.1914, 525–530, 558–564
Geschichtsblätter für Technik, Industrie und Gewerbe 1.
1914, 121–122
Kl.

135 Die chinesische Enzyklopädie und die europäische Wissenschaft. Von Graf Carl v. Klinckowstroem.
Allgemeine Zeitung [München] 1914:18, 284–285
Rez.: *Mitteilungen zur Geschichte der Medizin und der Naturwissenschaften* 13.1914, 506–507 (Günther)

136 Ein Neußer Kind. Zum 40. Geburtstag (26. April) von
Franz M. Feldhaus, dem Historiker der Technik. Von Carl
Graf von Klinckowstroem.
Neußer Zeitung 25.4.1914.

137 Abermals Der Jäger aus Kurpfalz.
Coblenzer Zeitung Nr 169 v. 14. April 1914.
Graf Karl v. Klinckowstroem, München
Auch abgedruckt im *Öffentlichen Anzeiger für den Kreis
Kreuznach* Nr 28 v. 3. Febr. 1914.

138 Abermals Der Jäger aus Kurpfalz.
Coblenzer Zeitung. Nr 224 vom 16. Mai 1914, Seite 2; Nr
242 v. 28. Mai 1914
Graf Carl v. Klinckowstroem, München
Auch abgedruckt im *Öffentlichen Anzeiger für den Kreis
Kreuznach* 18. Mai und 29. Mai 1914.

139 Der Jäger aus Kurpfalz. Eine historisch-kritische Studie.
Von Graf Carl. v. Klinckowstroem.
Zeitschrift für Forst- und Jagdwesen 46.1914, 491–500

140 Irrgänge der Wissenschaft, von Prof. Dr. Svante Arrhenius.
Übersetzt von Kitty Thomsen, mit Nachwort von Carl Graf
v. Klinckowstroem.
*Mitteilungen des österreichischen Verbandes zur Klärung
der Wünschelrutenfrage* 1.1914:2, S. 2–8; 3, S. 1–3

141 Der Quellenfinder Josef Beraz. Ein Kapitel aus der Geschichte der Wünschelrute. Von Graf Karl v. Klinckowstroem, München.
Das Wasser 1914, Beiblatt Die Wünschelrute, Nr 7–19

142 Materialisationsphänomene. Eine Besprechung. Von Graf Carl v. Klinckowstroem.
Prometheus 1914:18 (1266), S. 280–284; Nr 28 (1276), S. 444
Letzteres Duplik gegen eine Erwiderung von Dr. Frhrn. v. Schrenck-Notzing in Nr 24 (1272), S. 381.
Zu: Schrenck-Notzing: *Materialisationsphänomene*. München: E. Reinhardt 1914. XI, 523 S.

143 [Rez.] H. Th. Horwitz: Ein Beitrag zu den Beziehungen zwischen ostasiatischer und europäischer Technik. Zeitschrift des österreichischen Ingenieur- und Architektenvereins. Wien 1913, Nr 25, mit 6 Abb.
Mitteilungen zur Geschichte der Medizin und der Naturwissenschaften 13. 1914, 56–58
Graf Carl v. Klinckowstroem, München

144 [Rez.] K. Lemberg: Zur Geschichte der Trinkwasserfiltration. Der Städtische Tiefbau 3. Jahrg., Karlsruhe i. B., 10. Dezember 1912, Heft 23.
Mitteilungen zur Geschichte der Medizin und der Naturwissenschaften 13. 1914, 61–62
Graf Carl v. Klinckowstroem,

145 [Rez.] Adolf Tronnier: Karl Theodor v. Dalberg, der Erfinder des starren Luftschiffes. Deutsche Luftfahrer-Zeitschrift Nr 18, 3. September 1913, S. 439–441, mit 3 Abb.
Mitteilungen zur Geschichte der Medizin und der Naturwissenschaften 13. 1914, 64
Graf Carl v. Klinckowstroem, München

146 [Rez.] Franz M. Feldhaus: Ein Dampfapparat von vor tausend Jahren. Prometheus Nr 1253, 1. November 1913, S. 69–73. Mit 8 Abbild.
Mitteilungen zur Geschichte der Medizin und der Naturwissenschaften 13. 1914, 221–222
Graf Carl v. Klinckowstroem

147 [Rez.] A. Sander (Dr.-Ing.): Die erste Anwendung des Steinkohlengases in der Luftschiffahrt. Die Naturwissenschaften Heft 42, 17. Oktober 1913, S. 1011–1013
Mitteilungen zur Geschichte der Medizin und der Naturwissenschaften 13. 1914, 223–224
Graf Carl v. Klinckowstroem, München

148 [Rez.] Katalog der Bibliothek des Kaiserlichen Patentamts. Stand vom 1. Januar 1913. 3 Bände. Berlin 1913. 8°
Mitteilungen zur Geschichte der Medizin und der Naturwissenschaften 13. 1914, 224–226
Graf Carl v. Klinckowstroem, München

149 [Rez.] Max Geitel: Von Galvani bis Telefunken. In: Der Stein der Weisen Heft 2, 1914 (Berlin, S. 42), S. 7–9. Mit 10 Abbild.

*Mitteilungen zur Geschichte der Medizin und der Natur-
wissenschaften* 13. 1914, 224–226
C. Graf v. Klinckowstroem, München

150 [Rez.] F. M. Feldhaus: Die Technik der Vorzeit, der ge-
schichtlichen Zeit und der Naturvölker. Ein Handbuch für
Archäologen und Historiker, Museen und Sammler, Kunst-
händler und Antiquare. Mit 873 Abbildungen. Leipzig,
Berlin: Wilhelm Engelmann 1914. XV, 1399 Sp.
*Mitteilungen zur Geschichte der Medizin und der Natur-
wissenschaften* 13. 1914, 507–509
Graf Carl v. Klinckowstroem, München

151 [Ankündigung] Geschichtsblätter für Technik, Industrie
und Gewerbe.
*Mitteilungen zur Geschichte der Medizin und der Natur-
wissenschaften* 13. 1914, 509–510
Graf v. Klinckowstroem. Franz M. Feldhaus, München,
Elisabethstraße 40

1915

152 Wünschelrute und Pendel.
Das Wasser 1915, Beiblatt Die Wünschelrute, Nr 14,
Unpag.
Graf Carl v. Klinckowstroem, z. Zt. im Felde

153 [Rez.] O. Gluth: Wilh. Bauer. Leipzig 1911. 59 S. [Tauch-
boot]
Geschichtsblätter für Technik, Industrie und Gewerbe 2.
1915, 37–38
Graf Carl v. Klinckowstroem

154 Internationale wissenschaftliche Forschung.
Geschichtsblätter für Technik, Industrie und Gewerbe 2.
1915, 49–51
Kl.

155 [Rez.] F. M. Feldhaus: Handgranaten. Vossische Zeitung
292, 10. Juni 1915.
Geschichtsblätter für Technik, Industrie und Gewerbe 2.
1915, 98
Kl.

156 [Rez.] E. Kaiser: Ein Keltenwall im Vogtlande. Kosmos
1915, 273–274.
Geschichtsblätter für Technik, Industrie und Gewerbe 2.
1915, 184
Kl.

157 [Rez.] Karl Linnebach: Entwicklung und heutiger Stand
der Ortsbefestigung. Technische Monatshefte 1915, 137–
145, 15 Abb.
Geschichtsblätter f. Technik, Industrie u. Gewerbe 2.1915,
184–185
Kl.

158 [Rez.] H. Baclesse: Die französischen U-Boote Bauart
Laubeuf. Technische Rundschau 21.1915, 294–295.
Geschichtsblätter f. Technik, Industrie u. Gewerbe 2.1915,
185–186
Kl.

159 Geschichte der Feile.
Geschichtsblätter f. Technik, Industrie u. Gewerbe 2.1915,
187–188
Kl.

160 [Rez.] Alois Czerny: Mährisch-Trübauer Zinngießer. Mitteilungen des Erzherzog Rainer Museum für Kunst und Gewerbe 1915, Nr 10, S. 145–150.
Geschichtsblätter f. Technik, Industrie u. Gewerbe 2.1915,
188–189
Kl.

161 [Rez.] Postdirektor Erich Böttcher: Das Königliche Verkehrs- und Baumuseum in Berlin. Technische Monatshefte 1915, 129–133, 179–183, 8 Abb.
Geschichtsblätter f. Technik, Industrie u. Gewerbe 2.1915,
193–194
Kl.

162 H. Zeisings Maschinenbuch.
Geschichtsblätter f. Technik, Industrie u. Gewerbe 2.1915,
208
Kl.

163 Stärkezucker.
Geschichtsblätter f. Technik, Industrie u. Gewerbe 2.1915,
209–210
Kl.

164 Internationale wissenschaftliche Forschung.
Geschichtsblätter f. Technik, Industrie u. Gewerbe 2.1915,
211
Kl.

165 Deutsche Museumsforscher als Spione.
Geschichtsblätter f. Technik, Industrie u. Gewerbe 2.1915,
211–212
Kl.

166 Kriegspsychose und Wissenschaft.
Geschichtsblätter f. Technik, Industrie u. Gewerbe 2.1915,
212–213
Kl.

167 [Rez.] Heinr. Walter: Beitrag zur Geschichte der gali-
zischen Erdölindustrie. Allg. österr. Chemiker- und Tech-
niker-Zeitung 34.1916;1, S. 1–3.
Geschichtsblätter f. Technik, Industrie u. Gewerbe 2.1915,
244
Kl.

168 [Rez.] Ernst Wenzel: Ziehbrunnen in Hessen. Die Denkmalspflege 17.1915, 53–54, 59–62, 18 Abb.
Geschichtsblätter f. Technik, Industrie u. Gewerbe 2.1915,
247
Kl.

169 [Rez.] Dethlefsen: Ein mittelalterlicher Ziegelofen. Die
Denkmalspflege 1915:2, S. 12–14, 11 Abb.

Geschichtsblätter f. Technik, Industrie u. Gewerbe 2.1915, 249
Kl.

170 [Rez.] Dr. F. Moll: Über einige volkstümliche Holzkonservierungsverfahren. Prometheus 26.1915, 823–825.
Geschichtsblätter f. Technik, Industrie u. Gewerbe 2.1915, 249–250
Kl.

171 Heizvorschlag mittelst gelöschten Kalks.
Geschichtsblätter f. Technik, Industrie u. Gewerbe 2.1915, 250
Kl.

172 [Rez.] F. M. Feldhaus: Das Tellereisen als Waffe. Deutsche Jäger-Zeitung 66.1915, 80, 1 Abb.
Geschichtsblätter f. Technik, Industrie u. Gewerbe 2.1915, 250
Kl.

173 Das Telephon als Quellenfinder.
Geschichtsblätter f. Technik, Industrie u. Gewerbe 2.1915, 251
Kl.

174 Spinnmaschine.
Geschichtsblätter f. Technik, Industrie u. Gewerbe 2.1915, 251
Kl.

175 Wollreißmaschine.
Geschichtsblätter f. Technik, Industrie u. Gewerbe 2.1915, 251
Kl.

176 [Rez.] E. Lehmann: Über einige Baumwollieferanten der heimischen Flora. Die Naturwissenschaften 3.1915, 631.
Geschichtsblätter f. Technik, Industrie u. Gewerbe 2.1915, 251–254
Kl.

177 [Rez.] Geschichte der Kettenschiffahrt auf der Elbe. Die Wasserwirtschaft 8.1915, 227–229, 2 Abb.
Geschichtsblätter f. Technik, Industrie u. Gewerbe 2.1915, 254–255
Kl.

178 [Rez.] Th. Wolff: Das Unterseeboot. Das Wasser 11.1915, 510–514, 524–530, 11 Abb.
Geschichtsblätter f. Technik, Industrie u. Gewerbe 2.1915, 255
Kl.

179 Ein Beitrag zur Geschichte der chemischen Feuerzeuge. Von Graf Carl v. Klinckowstroem.
Geschichtsblätter f. Technik, Industrie u. Gewerbe 2.1915, 226–233
Wieder abgedruckt in der *Antiquitäten-Rundschau* 1916: 12/13.

180 Zur Vorgeschichte des Papiers aus Vegetabilien. Von Graf
Carl von Klinckowstroem.
Geschichtsblätter f. Technik, Industrie u. Gewerbe 2.1915,
236–241

181 Zum Wert der Zeugenaussage.
Liller Kriegszeitung. 2. Kriegsjahr, Nr 1 v. 2. Aug. 1915, S.
4–5
Hptm. Graf v. Klinckowstroem

182 [Brief an das Forum.]
Forum [München] 2.1915:5, S. 191–192
Graf Klinckowstroem
[Über Frieden, Presse und Verleumdungsfeldzug]

1916

183 Das pneumatische Feuerzeug. Von Graf Carl von Klinckowstroem.
Geschichtsblätter f. Technik, Industrie u. Gewerbe 3.1916,
9–10

184 Eine Petroleumleitung von 1665. Von Graf Carl von Klinckowstroem.
Geschichtsblätter f. Technik, Industrie u. Gewerbe 3.1916,
11–12, 1 Abb.

185 Zur Geschichte der Petroleumlampe. Von Graf Carl von
Klinckowstroem.
Geschichtsblätter f. Technik, Industrie u. Gewerbe 3.1916,
12–16

186 [Rez.] B. Reber: Walliser Steinlampen. Anzeiger für Schweizerische Altertumskunde, Zürich. NF 17, S. 352–356, 2 Abb.
Geschichtsblätter f. Technik, Industrie u. Gewerbe 3.1916, 21
Kl.

187 [Rez.] Ludwig Hauff: Die unterseeische Schiffahrt, erfunden und ausgeführt von Wilhelm Bauer. Bamberg: Buchner 1915. 78 S.
Geschichtsblätter f. Technik, Industrie u. Gewerbe 3.1916, 33–34
Kl.

188 [Rez.] Dr. Max Hein: Unterseeboote zur Zeit Napoleons. Sonntagsbeilage Nr 12 der Vossischen Zeitung, 19.3.1916, S. 91–92.
Geschichtsblätter f. Technik, Industrie u. Gewerbe 3.1916, 34–35
Kl.

189 Bomben aus Luftfahrzeugen.
Geschichtsblätter f. Technik, Industrie u. Gewerbe 3.1916, 35–36
Kl.

190 [Rez.] Prof. Dr. E. Wiedemann, Dr. F. Hauser: Über die Uhren im Bereich der islamischen Kultur. Nova Acta. Abhandlungen der Kais. Leopold.-Carol. Dt. Akademie der Naturforscher. Band C 5. Halle 1915. 272 S., 136 Fig.

Geschichtsblätter f. Technik, Industrie u. Gewerbe 3.1916, 36–37
Kl.

191 [Rez.] Ad. Marcuse: Die Entwicklung der astronomischen Meßkunst. Ein Beitrag zur Geschichte der Instrumentenkunde. Vossische Zeitung Sonntagsbeilage Nr 8, 20.2.1916.
Geschichtsblätter f. Technik, Industrie u. Gewerbe 3.1916, 39–40
Kl.

192 Die Erfindung des Fernrohrs.
Geschichtsblätter f. Technik, Industrie u. Gewerbe 3.1916, 40–42
Kl.

193 [Rez.] W. Maybach: Zur Geschichte des Luftschiff-Motors. Deutsche Luftfahrer-Zeitschrift 20.1916, 1 ff., 1 Abb.
Geschichtsblätter f. Technik, Industrie u. Gewerbe 3.1916, 44
Kl.

194 Reutersche Unterschlagungen, 1848.
Geschichtsblätter f. Technik, Industrie u. Gewerbe 3.1916, 45–46
Kl.

195 [Rez.] Prof. Dr. Karl Sudhoff: Die eiserne Hand des Marcus Sergius aus dem Ende des 3. Jahrhunderts vor Christo. Mitteilungen zur Geschichte der Medizin und der Naturwissenschaften 15.1916, 1–5.

Geschichtsblätter f. Technik, Industrie u. Gewerbe 3.1916,
46–47
Kl.

196 [Rez.] Dr. E. M. Kronfeld: Die Nesselfaser als Helferin in
Kriegsnöten. Wiener Landwirtschaftliche Zeitung 65.1915,
Nr 83, 625–626.
Geschichtsblätter f. Technik, Industrie u. Gewerbe 3.1916,
49–50
Kl.

197 [Rez.] Carl Weiss: Deutsche Wappenwasserzeichen. Son-
derdr. aus Der deutsche Herold 1915, Nr 8, 9 u. 11. Mit 14
Taf.
Geschichtsblätter f. Technik, Industrie u. Gewerbe 3.1916,
50
Kl.

198 [Rez.] Georg Philipp Gail. Rauchtabak-, Kautabak- und
Zigarrenfabrik Gießen. Gedenkschrift zum hundertjährigen
Bestehen der Firma 1812–1912. 56 S. gr.4° – Georg Philipp Gail: Geschichte seiner Familie und seines Geschäfts-
hauses 27 Januar 1812 – 1912. Gießen 1912. 90 S., 2 Pho-
togravüren und Stammtafel.
Geschichtsblätter f. Technik, Industrie u. Gewerbe 3.1916,
52–53
Kl.

199 Schraube.
Geschichtsblätter f. Technik, Industrie u. Gewerbe 3.1916,
63–64
Kl.

200 Krieg und Wissenschaft.
Geschichtsblätter f. Technik, Industrie u. Gewerbe 3.1916,
65–66
Kl.

201 Die internationale wissenschaftliche Forschung und der
Krieg.
Geschichtsblätter f. Technik, Industrie u. Gewerbe 3.1916,
66–70
Kl.

202 Krieg und Wissenschaft.
Geschichtsblätter f. Technik, Industrie u. Gewerbe 3.1916,
70–73
Kl.

203 [Rez.] Stephan: Ein Steinkalender aus der Zeit um 1760 v.
Chr. Kosmos 1916, 207–212. Mit 4 Planskizzen.
Geschichtsblätter f. Technik, Industrie u. Gewerbe 3.1916,
111–112
Kl.

204 [Rez.] Hugo Mötefindt: Flickungen an vorgeschichtlichen
Fibeln. Zeitschrift für Ethnologie 1915, 309–319, 18 Abb.

Geschichtsblätter f. Technik, Industrie u. Gewerbe 3.1916,
114
Kl.

205 [Rez.] Badermann: Die Schornsteinheizungen der alten
Römer. Prometheus 27.1916, 532–535, 5 Abb.
Geschichtsblätter f. Technik, Industrie u. Gewerbe 3.1916,
115
Kl.

206 [Rez.] Die Wasserversorgung Frankfurts. Zeitschrift des
Internationalen Vereins der Bohringenieure und Bohrtech-
niker. Wien. 23.1916, 97–98.
Geschichtsblätter f. Technik, Industrie u. Gewerbe 3.1916,
119
Kl.

207 [Rez.] Zur Geschichte der Gichtgasverwertung in Gieße-
reien. Prometheus 27.1916, 153.
Geschichtsblätter f. Technik, Industrie u. Gewerbe 3.1916,
120
Kl.

208 Bombenschiffe.
Geschichtsblätter f. Technik, Industrie u. Gewerbe 3.1916,
121
Kl.

209 [Rez.] Hans Günther: Das Unterseeboot und sein Werde-
gang. Technische Monatshefte 1915/16, 343–346, 367–373.
Mit 7 Abb.

Geschichtsblätter f. Technik, Industrie u. Gewerbe 3.1916, 122
Kl.

210 Die Berliner Lokomotive von 1816.
Geschichtsblätter f. Technik, Industrie u. Gewerbe 3.1916, 124
Kl.

211 [Rez.] Dr. W. Ahrens: Die Luftpumpen Otto von Gue-rickes. Pumpen-, Brunnenbau, Berlin Bohrtechnik 1915, 344–348, 362–366, 275–376.
Geschichtsblätter f. Technik, Industrie u. Gewerbe 3.1916, 122–123
Kl.

212 Eine Triumph-Uhr für Blücher 1827.
Geschichtsblätter f. Technik, Industrie u. Gewerbe 3.1916, 131
Kl.

213 [Rez.] F. M. Feldhaus: Ein scheinbares Perpetuum mobile. Dt. Uhrmacher-Zeitung 1916, 141.
Geschichtsblätter f. Technik, Industrie u. Gewerbe 3.1916, 131
Kl.

214 [Rez.] Rudolf Zaunick: Das älteste deutsche Fischbüchlein vom Jahre 1498 und dessen Bedeutung für die spätere Lite-ratur. Archiv für Fischereigeschichte. Festgabe für Emil

Uhles zu seinem 75. Geburtstage am 11. März 1916. Berlin 1916. X, 50 S.
Geschichtsblätter f. Technik, Industrie u. Gewerbe 3.1916, 133
Kl.

215 Fichtennadel-Zigarren.
Geschichtsblätter f. Technik, Industrie u. Gewerbe 3.1916, 134
Kl.

216 [Rez.] A. A. Unger: Betrachtungen über das Zeitungswesen. Frankfurt a.M.: Blazek & Bergmann 1916. 60 S.
Geschichtsblätter f. Technik, Industrie u. Gewerbe 3.1916, 136–137
Kl.

217 [Rez.] Jubiläumsschrift 1888-1913 Ruhstrat. Göttinger Rheostaten- und Schalttafelfabrik Gbr. Ruhstrat. Göttingen 1913. 24 S.
Geschichtsblätter f. Technik, Industrie u. Gewerbe 3.1916, 138
Kl.

218 [Rez.] G. Täschner: Der Arzt, Bürgermeister und Bergbauschriftsteller Ulrich Rülein von Kalb. Mitteilungen vom Freiberger Altertumsverein 50. 1915, 71–73.
Geschichtsblätter f. Technik, Industrie u. Gewerbe 3.1916, 138–139
Kl.

219 [Rez.] Theodor Keetman, sein Leben und sein Wirken. Zur fünfzigsten Wiederkehr des Gründungstages der Firma Bechem & Keetman in Duisburg. Verfaßt von Dr. J. Reichert. 1912. 106 S. 4°
Geschichtsblätter f. Technik, Industrie u. Gewerbe 3.1916, 141–142
Kl.

220 [Rez.] Festschrift zum 50jährigen Bestehen der Schroeder'schen Papierfabrik (Sieler und Vogel) in Golzern 1862–1912. 95 S. gr. 4°
Geschichtsblätter f. Technik, Industrie u. Gewerbe 3.1916, 142
Kl.

221 Das Deutsche Museum in München.
Geschichtsblätter f. Technik, Industrie u. Gewerbe 3.1916, 148–149
Kl.

222 Klauenfett.
Geschichtsblätter f. Technik, Industrie u. Gewerbe 3.1916, 152
Kl.

223 Aluminium zu Luftschiffen.
Geschichtsblätter f. Technik, Industrie u. Gewerbe 3.1916, 153–154
Kl.

224 Der Erfinder des Fernrohres.
Geschichtsblätter f. Technik, Industrie u. Gewerbe 3.1916,
160–161
Kl.

225 Die älteste technische Hochschule.
Geschichtsblätter f. Technik, Industrie u. Gewerbe 3.1916,
171
Kl.

226 Eine bisher verschollene Luftpumpe Otto von Guerickes.
Von Graf Carl v. Klinckowstroem.
Geschichtsblätter f. Technik, Industrie u. Gewerbe 3.1916,
196–200, mit 4 Abb.

227 [Rez.] J. Würschmidt: Zur Geschichte, Theorie und Praxis
der Camera obscura. Zeitschrift für mathematischen und
naturwissenschaftlichen Unterricht 46.1915, 466-476, 4
Fig., 1 Abb. – J. Würschmidt: Photographien mit der Loch-
kamera. Deutsche Optische Wochenschrift 1915/16, 247–
248
Geschichtsblätter f. Technik, Industrie u. Gewerbe 3.1916,
239–240
Kl.

228 [Rez.] Heinrich Schaffer: Das lustige Fliegerbuch. Mit
vielen Zeichnungen von A. Metzeroth. Berlin: A. Hoffmann 1916. 95 S.
Geschichtsblätter f. Technik, Industrie u. Gewerbe 3.1916,
243–244
Kl.

229 [Rez.] Ministerialdirektor Offenberg: Eine Hundertjahrs-
erinnerung der deutschen Eisenbahn. Die Woche 18.1916,
973–975.
Geschichtsblätter f. Technik, Industrie u. Gewerbe 3.1916,
244–245
Kl.

230 [Rez.] Robert Stein: Naturwissenschaft in Utopia. Deutsche Geschichtsblätter 17.1916, 48–59.
Geschichtsblätter f. Technik, Industrie u. Gewerbe 3.1916,
245–247
Kl.

231 Die Entdeckung einer Inkastadt.
Geschichtsblätter f. Technik, Industrie u. Gewerbe 3.1916,
266–267
Kl.

232 Aerospritzen.
Geschichtsblätter f. Technik, Industrie u. Gewerbe 3.1916,
268
Kl.

233 Johnsons Tauchboot von 1821.
Geschichtsblätter f. Technik, Industrie u. Gewerbe 3.1916,
209
Kl.

234 Deutsche Wissenschaft und Kultur.
Geschichtsblätter f. Technik, Industrie u. Gewerbe 3.1916, 270–271
Kl.

235 Ein Problem Leonardo da Vinci's.
Geschichtsblätter f. Technik, Industrie u. Gewerbe 3.1916, 330
Kl.

236 [Rez.] Dr. Alexander Lipschütz: Die steinzeitlichen Funde in Bulgarien. Prometheus 28.1917, 229–231, 6 Abb.
Geschichtsblätter f. Technik, Industrie u. Gewerbe 3.1916, 333
Kl.

237 [Rez.] F. M. Feldhaus: Ein Feuerangriff um 1290. Zeitschrift für historische Waffenkunde 7.1916, 236–237, 1 Abb.
Geschichtsblätter f. Technik, Industrie u. Gewerbe 3.1916, 339
Kl.

238 [Rez.] Dr. Ed. Gessler: Das Sturmfässlin, eine merkwürdige Feuerwaffe. Zeitschrift für historische Waffenkunde 7.1916, 224–227, 5 Abb.
Geschichtsblätter f. Technik, Industrie u. Gewerbe 3.1916, 339
Kl.

239 [Rez.] F. M. Feldhaus: Gianibellis Antwerpener Spreng-
schiffe, 1585. Zeitschrift für historische Waffenkunde
7.1916, 234–236, 2 Abb.
Geschichtsblätter f. Technik, Industrie u. Gewerbe 3.1916,
339–340
Kl.

240 [Rez.] W. Niemann: Die ersten chemischen Feuerzeuge.
Archiv für Geschichte der Naturwissenschaften und der
Technik 7.1916, 299–209, 390–403, 4 Abb.
Geschichtsblätter f. Technik, Industrie u. Gewerbe 3.1916,
340–346
Kl.

241 Emanuel Swedenborg und das Flugproblem. Von Graf
Carl v. Klinckowstroem.
Geschichtsblätter f. Technik, Industrie u. Gewerbe 3.1916,
207–217, 303–312, mit 5 Abb.

242 [Rez.] Ein Maschinenbuch von Leopold von der Planitz.
Geschichtsblätter f. Technik, Industrie u. Gewerbe 3.1916,
357–358
Kl.

243 Die internationale Bibliographie der Naturwissenschaften.
Geschichtsblätter f. Technik, Industrie u. Gewerbe 3.1916,
388
Kl.

244 [Rez.] F. M. Feldhaus: Einst und jetzt. 1891/1916. Privatdruck für Herrn Generaldirektor Paul Gaedt in Aue.

Geschichtsblätter f. Technik, Industrie u. Gewerbe 3.1916,
391–392
Kl.

245 Sobrero [1812–1888].
Geschichtsblätter f. Technik, Industrie u. Gewerbe 3.1916,
392
Kl.

1917

246 Werner Siemens.
Geschichtsblätter f. Technik, Industrie u. Gewerbe 4.1917.
4 S. SD (BSB)

247 [Rez.] Richard Hennig: Altgriechische Leuchttürme? In:
Prometheus 28.1917, Nr 1420, S. 233–237, und Nr 1421, S.
250–253.
Geschichtsblätter f. Technik, Industrie u. Gewerbe 4.1917,
87–88
Kl.

248 [Rez.] Archäologischer Anzeiger. Berlin 1917, S. 10 [Der
Onos in China.]
Geschichtsblätter f. Technik, Industrie u. Gewerbe 4.1917,
88–89
Kl.

249 [Rez.] Schriften des Verbandes zur Klärung der
Wünschelrutenfrage. Heft 7. Stuttgart 1916. 176 S.

Geschichtsblätter f. Technik, Industrie u. Gewerbe 4.1917, 95–97
Kl.

250 [Rez.] Paul Schutte: Die Wasserversorgung der Stadt Hannover. In: Hanomag-Nachrichten 3.1916:2, S. 23–39; 3, S. 41–53; 6, S. 97–111; 9, S. 169–192; 10, S. 193–205. Mit zus. 90 Abb.
Geschichtsblätter f. Technik, Industrie u. Gewerbe 4.1917, 101–104
Kl.

251 [Rez.] Feldhaus in Werkstattechnik. Berlin 1917, 293–294. [Drehbank]
Geschichtsblätter f. Technik, Industrie u. Gewerbe 4.1917, 105
Kl.

252 [Rez.] F. M. Feldhaus; Der alte Kran am Moselufer zu Trier. In: Prometheus. 28.1917, Nr 1425, Beiblatt, 77–78.
Geschichtsblätter f. Technik, Industrie u. Gewerbe 4.1917, 107
Kl.

253 [Rez.] F. M. Feldhaus: Baukran aus der Renaissance. In: Prometheus 28. 1916, Nr 1413, S. 126–127.
Geschichtsblätter f. Technik, Industrie u. Gewerbe 4.1917, 107–108
Kl.

254 [Rez.] F. M. Feldhaus: Der Begründer des Werkzeugma-
schinenbaus in Preußen. In: Werkstattstechnik. 1917, 122.
Geschichtsblätter f. Technik, Industrie u. Gewerbe 4.1917,
106–107
Kl.

255 [Rez.] G. Berthold: Die Originalluftpumpe Otto von Gue-
rickes. II. In: Annalen der Physik. 4. Folge, 51.1916, 881–
882. – G. Berthold: Die Originalluftpumpe Otto von Gue-
rickes, Typus III. In: Archiv für die Geschichte der Naturwissenschaften und der Technik 7.1916, 426–427.
Geschichtsblätter f. Technik, Industrie u. Gewerbe 4.1917,
110–111
Kl.

256 [Rez.] F. M. Feldhaus: Eine Klistierdarstellung von 1556.
In: Archiv für Geschichte der Medizin 10.1917, 314.
Geschichtsblätter f. Technik, Industrie u. Gewerbe 4.1917,
111
Kl.

257 [Rez.] Feldhaus in Rad-Welt. 23.1917, Nr 72. [Draisine]
Geschichtsblätter f. Technik, Industrie u. Gewerbe 4.1917,
112
Kl.

258 [Rez.] Wolberuffener und Vielbeschreyeter Aero Nauta
oder Lufft-Schiffer ... [1916].
Geschichtsblätter f. Technik, Industrie u. Gewerbe 4.1917,
112
Kl.

259 [Rez.] Otto Nirenstein: Luftfahrt im alten Wien. Wien 1917.
Geschichtsblätter f. Technik, Industrie u. Gewerbe 4.1917, 113
Kl.

260 [Rez.] F. M. Feldhaus in Magdeburgische Zeitung. Unterhaltungsbeilage, Nr 344 vom 10. Mai 1917. [75 Jahre Telegraphie.]
Geschichtsblätter f. Technik, Industrie u. Gewerbe 4.1917, 114
Kl.

261 [Rez.] 25 Jahre elektrische Kraftübertragung. In: Prometheus. 27.1916, Nr 1397, Beiblatt, 177–179, und Adolph Voigt, ebenda, 28.1917, Nr 1407, Beiblatt, 5-6.
Geschichtsblätter f. Technik, Industrie u. Gewerbe 4.1917, 115–116
Kl.

262 [Rez.] Feldhaus in: Zeitschrift für historische Waffenkunde. 7, S. 326. [Gewehrriemen.]
Geschichtsblätter f. Technik, Industrie u. Gewerbe 4.1917, 117
Kl.

263 [Rez.] F. M. Feldhaus: Torpedos und Fultons erstes Torpedo-Experiment 1805. In: Umschau. 1917, 228.
Geschichtsblätter f. Technik, Industrie u. Gewerbe 4.1917, 119
Kl.

264 [Rez.] Paul König: Die Fahrt der Deutschland. Berlin: Ullstein 1916. 153 S. – Fritz Skowronnek: U-Deutschlands Fahrt. Berlin: Otto Janke 1916. 162 S.
Geschichtsblätter f. Technik, Industrie u. Gewerbe 4.1917, 120–121
Kl.

265 [Rez.] Zeitschrift: Das U-Boot.
Geschichtsblätter f. Technik, Industrie u. Gewerbe 4.1917, 121
Kl.

266 [Rez.] Feldhaus in: Deutsche Uhrmacher-Zeitung.1917, 216. [Sargdeckelschild von 1757.]
Geschichtsblätter f. Technik, Industrie u. Gewerbe 4.1917, 123
Kl.

267 [Rez.] F. M. Feldhaus in Dresdner Neueste Nachrichten. Nr 51 v. 23. Febr.1917. [Zinnindustrie.]
Geschichtsblätter f. Technik, Industrie u. Gewerbe 4.1917, 124
Kl.

268 [Rez.] F. M. Feldhaus: Nadelmaschinen von Leonardo da Vinci. In: Berichte aus dem Knopfmuseum Prag. 2.1917, 19–23.
Geschichtsblätter f. Technik, Industrie u. Gewerbe 4.1917, 127
Kl.

269 [Rez.] F. M. Feldhaus: Durch die Sonne betriebene Signal-
uhren. In: Deutsche Uhrmacher-Zeitung. 1917, 21.
Geschichtsblätter f. Technik, Industrie u. Gewerbe 4.1917,
130
Kl.

270 [Rez.] F. M. Feldhaus in: Deutsche Uhrmacher-Zeitung.
1917, 300. [Berner Uhr.]
Geschichtsblätter f. Technik, Industrie u. Gewerbe 4.1917,
130
Kl.

271 [Rez.] F. M. Feldhaus: Berlins erste Normaluhr, aus den
Akten der Berliner Akademie der Wiss. [1786] In: Deu-
tsche Uhrmacher-Zeitung. 1915, 105.
Geschichtsblätter f. Technik, Industrie u. Gewerbe 4.1917,
130
Kl.

272 [Rez.] F. M. Feldhaus: Über Rechenmaschinen, insbeson-
dere die Maschine des «18jährigen» Blaise Pascal. In: Prometheus. 1917, Nr 1461, S. 41.
Geschichtsblätter f. Technik, Industrie u. Gewerbe 4.1917,
131
Kl.

273 [Rez.] F. M. Feldhaus: Das Wetterhaus-Hygrometer vor
500 Jahren. In: Prometheus 1917, Nr 1456, S. 814.
Geschichtsblätter f. Technik, Industrie u. Gewerbe 4.1917,
132
Kl.

274 [Rez.] H. Wiesenthal: Feuerzeuge vor 100 Jahren. In: Leipziger Neueste Nachrichten Nr 73: 16. März 1917.
Geschichtsblätter f. Technik, Industrie u. Gewerbe 4.1917, 132–133
Kl.

275 [Rez.] Feldhaus: Die Herstellung gedrehter Knöpfe im Mittelalter. In: Berichte aus dem Knopfmuseum Heinrich Waldes, Prag-Wrschowitz, Nov. 1916:3–4, S. 68–71.
Geschichtsblätter f. Technik, Industrie u. Gewerbe 4.1917, 133
Kl.

276 [Rez.] R. Forrer: Ein Beispiel frühgriechischer Kleiderknöpfung. In: Berichte aus dem Knopfmuseum Heinrich Waldes, Prag-Wrschowitz, 1916:3–4, S. 64–66. – Paul Wolters: Wie hieß der Knopf bei den Griechen. Ebenda, S. 66–68.
Geschichtsblätter f. Technik, Industrie u. Gewerbe 4.1917, 134
Kl.

277 [Rez.] F. Moll: Die Bohrmuschel. In: Naturwissenschaftliche Zeitschrift für Forst- und Landwirtschaft 12.1914, 505–564. – F. Moll: Holzzerstörende Krebse. Ebenda. 13.1915, 178–207.
Geschichtsblätter f. Technik, Industrie u. Gewerbe 4.1917, 135
Kl.

278 [Rez.] J. P. de Vooys: De ontwickkeling van de drukpers.
In: De Ingenieur. 28.1913, 149–165.
Geschichtsblätter f. Technik, Industrie u. Gewerbe 4.1917,
152
Kl.

279 [Rez.] E. O. von Lippmann: Einige Mitteilungen über die
mittelalterliche Zuckerindustrie. In: Die deutsche Zuckerindustrie. 1917, Sonderdruck. [Zucker bei den Arabern.]
Geschichtsblätter f. Technik, Industrie u. Gewerbe 4.1917,
153
Kl.

280 [Rez.] Zeppelin.
Geschichtsblätter f. Technik, Industrie u. Gewerbe 4.1917,
172
Kl.

281 [Rez.] Museum für Beleuchtungswesen.
Geschichtsblätter f. Technik, Industrie u. Gewerbe 4.1917,
180
Kl.

282 [Rez.] Zur Geschichte des Tauchbootes.
Geschichtsblätter f. Technik, Industrie u. Gewerbe 4.1917,
214
Kl.

283 Astronomie [Notiz].
Geschichtsblätter f. Technik, Industrie u. Gewerbe 4.1917,
242
Kl.

284 Zu Prof. Benedikts Rutenlehre. Von Graf Carl v. Klinckowstroem.
Das Wasser. Beiblatt Die Wünschelrute. 1917:1.3. Unpag.
Wieder abgedruckt in den *Psychischen Studien* 1917, 149–
152

285 Zimmerversuche und falsche Theorien. Von Graf Carl. v.
Klinckowstroem
Das Wasser. Beiblatt Die Wünschelrute 1917:4. Unpag. (2
S.)

286 Wünschelruten-Unfug.
Das Wasser. Beiblatt Die Wünschelrute 1917:15/16. (ohne
Paginierung)
Graf Carl v. Klinckowstroem

287 Schlafzimmer und Erdausstrahlungen. Von Graf Carl v.
Klinckowstroem.
Das Wasser. Beiblatt Die Wünschelrute 1917:18. Unpag.
(1 S.)

288 Neues von der Wünschelrute. Ein Sammelreferat. Von
Graf Carl v. Klinckowstroem.
Das Wasser. Beiblatt Die Wünschelrute 1917:29–31. Un-
pag.

289 Geologie und Wünschelrute. Von Graf Carl v. Klinckowstroem.
Das Wasser. Beiblatt Die Wünschelrute 1917:21. Unpag.
(2 S.)

290 Die Wünschelrute und andere psychophysische Probleme.
Bemerkungen zu der von Prof. R. Graßberger unter diesem
Titel erschienenen Abhandlung von Graf Karl v. Klin-
ckowstroem.
*Zeitschrift des Vereines der Gas- und Wasserfachmänner
in Österreich-Ungarn* 34.1917, Bd 57, 213–217
Wieder abgedruckt in den *Psychischen Studien* 1918, 77–
80, 123–126, und in der *Wünschelrute* 1917:27/28.

1918

291 *Neues von der Wünschelrute. Theoretisches und Kritisches.*
Von Graf Carl von Klinckowstroem.
Berlin: Fr. Zillessen 1918. 53 S. gr.8°
Inhalt:
Das Problem der Wünschelrute.
Zuerst abgedruckt in der *Naturwiss. Wochenschrift* 1918,
Nr 10.
Neues von der Wünschelrute.
z. T. abgedruckt in der *Zeitschrift des Vereins der Gas-
und Wasserfachmänner in Österreich-Ungarn*. Wien 1917,
Nr 15.
Gegner der Wünschelrute

292 [Hrsg.] *Geschichtsblätter für Technik und Industrie*. Illustrierte Monatsschrift. Herausgegeben von Graf Carl v.

Klinckowstroem, München. Hohenzollernstr. 130; Ingenieur Franz M. Feldhaus, Berlin-Friedenau, Kaiserallee 75. Berlin-Friedenau: Verlag der Quellenforschungen zur Geschichte der Technik und Industrie 1918.

293 Technologisches in Reisebeschreibungen. Von Graf Carl v. Klinckowstroem.
Geschichtsblätter f. Technik u. Industrie 5.1918, 147–149. Mit 1 Abb. auf Taf. II.

294 [Rez.] Dr. E. Werth: Das Problem des tertiären Menschen. Sonderdruck aus den Sitzungsberichten der Gesellschaft naturforschender Freunde in Berlin. 1918, Nr 1. 32 S. mit 9 Abb.
Geschichtsblätter f. Technik u. Industrie 5.1918, 165–166
Kl.

295 [Rez.] Prof. Dr. R. Greef: Kritische Betrachtungen über Funde von Brillengläsern und Lupen aus dem frühen Altertum. Zeitschrift für ophthalmologische Optik 6.1916, 142–146.
Geschichtsblätter f. Technik u. Industrie 5.1918, 174
Kl.

296 Der Treppenwitz in der Weltgeschichte.
Geschichtsblätter f. Technik u. Industrie 5.1918, 182–183
Kl.

297 Lokomotive.
Geschichtsblätter f. Technik u. Industrie 5.1918, 194
Kl.

298 Fahrrad.
Geschichtsblätter f. Technik u. Industrie 5.1918, 194
Kl.

299 [Rez.] Kurt Radunz: Zur ältesten Geschichte des Untersee-
boots. Das U-Boot. Berlin-Friedenau 1917, 402–407.
Geschichtsblätter f. Technik u. Industrie 5.1918, 195
Kl.

300 Leinbergers Luftschiff.
Geschichtsblätter f. Technik u. Industrie 5.1918, 197
Kl.

301 [Rez.] Bruno Simmersbach: Beiträge zur Geschichte des
belgischen Berg- und Hüttenwesens. Verhandlungen des
Vereins zur Beförderung des Gewerbefleißes. Berlin 1917.
Sonderdruck. S. 38–64.
Geschichtsblätter f. Technik u. Industrie 5.1918, 204–205
Kl.

302 Schwarzpolitur des Stahls.
Geschichtsblätter f. Technik u. Industrie 5.1918, 205
Kl.

303 [Rez.] F. M. Feldhaus: Das Göpelfloß gegen England.
Schuß und Waffe 11.1918, 106.
Geschichtsblätter f. Technik u. Industrie 5.1918, 215
Kl.

304 [Rez.] F. M. Feldhaus: Die Anfertigung von Uhrgläsern,
1710. Dt. Uhrmacher-Zeitung 1918, S. 37.

Geschichtsblätter f. Technik u. Industrie 5.1918, 224
Kl.

305 [Rez.] W. Köhler: Die deutsche Nähmaschinen-Industrie.
Leipzig: Duncker & Humblot 1913. 330 S.
Geschichtsblätter f. Technik u. Industrie 5.1918, 226
Kl.

306 Geschütze aus Eis [Note].
Geschichtsblätter f. Technik u. Industrie 5.1918, 261
Kl.

307 Nagelung.
Geschichtsblätter f. Technik u. Industrie 5.1918, 299
Kl.

308 [Jacob Philadelphia, geb. 1735.]
Geschichtsblätter f. Technik u. Industrie 5.1918, 309
Kl.

309 Till slagrutefrågan. Af Carl von Klinckowstrom.
Psyke [Uppsala] 3.1918, 284–289

310 Neues von der Wünschelrute. Ein Sammelreferat. Von
Graf Carl v. Klinckowstroem.
Das Wasser, Beiblatt Die Wünschelrute 1918:13.16. Un-
pag.

311 Über die sog. suggestive Wünschelrutenreaktion und deren
Bedeutung für die Praxis. Von Graf Carl v. Klinckowstroem.

Das Wasser, Beiblatt Die Wünschelrute 1918:14.15. Unpag. (4 S.)

312 Der gegenwärtige Stand der Wünschelrutenfrage.
Das Wasser, Beiblatt Die Wünschelrute 1918:35, unpag. (2 S.)
Graf Carl. v. Klinckowstroem
Zu A. Rzehak: Der gegenwärtige Stand der Wünschelrutenfrage. *Mährisch-schlesische Gewerbe-Zeitung* 1918. 51 S.

313 Psychologen und Physiologen über die Wünschelrute. Eine Umfrage. Mitgeteilt von Graf Carl v. Klinckowstroem.
Zeitschrift des Vereins der Gas- und Wasserfachmänner in Österreich-Ungarn 35.1918, Bd 58, 120–125, 138–141
Wieder abgedruckt in *Die Wünschelrute*. 1918:23–26.

314 Zur Wünschelrutenfrage. Von Graf Carl von Klinckowstroem.
Naturwissenschaftliche Wochenschrift NF 17.1918, 137–139

315 Die neuere Wünschelrutenliteratur. Eine gedrängte Übersicht.
Die Wünschelrute 1918:11, S. 87–89

316 Medikohistorische Lesefrüchte.
Mitteilungen zur Geschichte der Medizin und der Naturwissenschaften 17.1918, 297–298; 19.1920, 102
Graf Carl v. Klinckowstroem, z. Z. im Heeresdienst

317 [Rez.] H. Schelenz: Die Wünschelrute. Naturwissenschaftliche Wochenschrift. NF Band 16, Nr 3, 21. Januar 1917, S.
39–42. Mit 1 Abb.
*Mitteilungen zur Geschichte der Medizin und der Natur-
wissenschaften* 17.1918, 35–36
Graf Carl v. Klinckowstroem, z. Zt. im Heeresdienst
Mit Nachschrift von Schelenz, 36–37

1919

318 *Neues von der Wünschelrute. Theoretisches und Kritisches.*
Von Carl von Klinckowstroem. 2. verb. u. erw. Auflage.
Berlin: Fr. Zillessen 1919. 72 S. gr.8° [später im Verlag
Konrad Wittwer]

319 Julius Konrad von Yelin und seine technologische Reise
nach England im Jahre 1825. Mitgeteilt von Graf Carl v.
Klinckowstroem.
Geschichtsblätter f. Technik u. Industrie 6.1919, 41–57
Rez.: *Mitteilungen zur Geschichte der Medizin und der Na-
turwissenschaften* 19.1920, 113 (Günther)

320 Aus der Frühzeit der einheimischen Zuckerproduktion, be-
sonders in Bayern. Von Graf Carl v. Klinckowstroem.
Geschichtsblätter f. Technik u. Industrie 6.1919, 77–88
Die Deutsche Zuckerindustrie 46.1921:12, S. 169–170; 14:
S. 194–195
Rez.: *Mitteilungen zur Geschichte der Medizin und der Na-
turwissenschaften* 19.1920, 143 (Günther)

321 Das Rauchen im Altertum.
Geschichtsblätter f. Technik, Industrie u. Gewerbe 6.1919, 142–143
Kl.
Zu: Hans Lamer: Das Rauchen im Altertum. *Sokrates* 1918, 47–60

322 Eine 1908 patentierte Schmiervorrichtung nach dem Prinzip des Hero von Alexandrien.
Geschichtsblätter f. Technik u. Industrie 6.1919, 158
Kl.
Zu: H. Th. Horwitz in *Archiv für die Geschichte der Naturwissenschaften und der Technik* 8.1918, 134–139

323 Motorschlitten 1859.
Geschichtsblätter f. Technik, Industrie u. Gewerbe 6.1919, 161
Kl.

324 Motorboot von 1859.
Geschichtsblätter f. Technik u. Industrie 6.1919, 161
Kl.

325 Tauchboot von Baader und Reichenbach 1798.
Geschichtsblätter f. Technik u. Industrie 6.1919, 161–162
Kl.
Zu: Jos. Weiß in *Süddeutsche Monatshefte* 1916, 739–750

326 Wilhelm Bauer und die Pfalz.
Geschichtsblätter f. Technik, Industrie u. Gewerbe 6.1919, 163

Kl.
Zu: Albert Becher: *Wilhelm Bauer, der Erfinder des Unterseebootes und seine Beziehungen zur Pfalz* [1867–1868]. Mit 7 Abb. Kaiserslautern: Herm. Kayser 1916. 16 S.

327 Das erste Donau-Dampfschiff.
Geschichtsblätter f. Technik u. Industrie 6.1919, 163–164
Kl.
Zu: Die erste Dampfschiffahrt vor hundert Jahren. *Zentralblatt für Wasserbau und Wasserwirtschaft* 20.Mai 1918, 96

328 Fahrrad.
Geschichtsblätter f. Technik u. Industrie 6.1919, 166
Kl.

329 Josef von Baaders Eisenbahn.
Geschichtsblätter f. Technik u. Industrie 6.1919, 167
Kl.

330 Zur Geschichte des Eisenbahngleises.
Geschichtsblätter f. Technik u. Industrie 6.1919, 167–168
Kl.
Zu: P. Martell in *Archiv für die Geschichte der Naturwissenschaften und der Technik* 8.1917, 41–48

331 Kugellager von 1769.
Geschichtsblätter f. Technik u. Industrie 6.1919, 168
Kl.

332 Gegossene Steine und Bauten.
Geschichtsblätter f. Technik u. Industrie 6.1919, 169–170
Kl.
Zu: Feldhaus in *Prometheus* 30.1919, 340–341

333 Treppenbau.
Geschichtsblätter f. Technik u. Industrie 6.1919, 170
Kl.
Zu: A. Gersbach: *Zur Geschichte des Treppenbaus der Babylonier, Assyrier, Ägypter, Perser und Griechen.* Straßburg 1917. 110 S.

334 Geschichte des österreichischen Salzwesen.
Geschichtsblätter f. Technik u. Industrie 6.1919, 176
Kl.
Zu: Heinrich Ritter von Srbik in *Forschungen zur inneren Geschichte Österreichs* 12.1917.

335 Deutscher Graphit.
Geschichtsblätter f. Technik u. Industrie 6.1919, 177
Kl.
Zu: Feldhaus in *Prometheus* 30.1919, Beibl. 141/142

336 Astronomische Taschenuhr um 1790.
Geschichtsblätter f. Technik u. Industrie 6.1919, 178
Kl.
Zu Feldhaus in *Deutsche Uhrmacherzeitung* 1919, 129–136

337 Zirkel und Proportionalzirkel.
Geschichtsblätter f. Technik u. Industrie 6.1919, 178–179
Kl.
Zu Feldhaus in *Prometheus* 30.1919, 239

338 Phil. Matth. Hahns Rechenmaschine.
Geschichtsblätter f. Technik u. Industrie 6.1919, 179
Kl.
Zu E. Hammer: Philipp Matthäus Hahn und seine Rechen-maschine. *Braunschweiger G-N-C-Monatsschrift* 1919, 1–54, 1 Taf.

339 Die ältesten Nachrichten über die Zauberlaterne in Deutschland.
Geschichtsblätter f. Technik u. Industrie 6.1919, 179–180
Kl.
Zu F. Paul Liesegang in *Central-Zeitung für Optik und Mechanik* 1919, Nr 8 u. 9.

340 Laterna magica und Blendlaterne.
Geschichtsblätter f. Technik u. Industrie 6.1919, 180–181
Kl.
Zu F. Paul Liesegang *in Rundschau für die Installations-, Beleuchtungs- und Blechindustrie* 1919, Nr 1. – Liesegang in *Centralzeitung für Optik und Mechanik* 39, S. 345–348, 355–356

341 Die Camera obscura bei Porta.
Geschichtsblätter f. Technik u. Industrie 6.1919, 181
Kl.

Zu: F. Paul Liesegang in *Mitteilungen zur Geschichte der Medizin und der Naturwissenschaften* 18.1919, 1–6.

342 Andreas Tacquet und die Laterna magica.
Geschichtsblätter f. Technik u. Industrie 6.1919, 181
Kl.
Zu: F. Paul Liesegang in *Österreichische Zentral-Zeitung für Optik und Mechanik* 14.1919, Nr 1–2; in *Die photographische Industrie* 1919, H. 4; in *Volksbildung* 49.1919, 234–235

343 Die Laterna magica bei Eschinardi.
Geschichtsblätter f. Technik u. Industrie 6.1919, 181–182
Kl.
Zu: F. Paul Liesegang in *Photographische Korrespondenz* 1918, Nr 698

344 70 Jahre photographische Laternenbilder.
Geschichtsblätter f. Technik u. Industrie 6.1919, 182
Kl.
Zu: F. Paul Liesegang in *Die photographische Industrie* 1918, H. 42.

345 Kinematographie.
Geschichtsblätter f. Technik u. Industrie 6.1919, 182–183
Kl.
Zu: F. Paul Liesegang in *Central-Zeitung für Optik und Mechanik* 39.1918, H. 6.

346 Ein Augenglas Napoleons I.
Geschichtsblätter f. Technik u. Industrie 6.1919, 184
Kl.
Zu: R. Greeff in *Deutsche Optische Wochenschrift* 1918,
157–158

347 Bücherlesemaschinen.
Geschichtsblätter f. Technik u. Industrie 6.1919, 184
Kl.
Zu: F. M. Feldhaus in *Zeitschrift für Bücherfreunde* 1918,
214–218

348 Billard.
Geschichtsblätter f. Technik u. Industrie 6.1919, 184–185
Kl.
Zu: K. Massinger in *Rheinisch-Westfälische Zeitung* 16.2.
1919.

349 Die Plakatsäule.
Geschichtsblätter f. Technik u. Industrie 6.1919, 185
Kl.

350 J. F. Kammerer als Erfinder der Phosphorzündhölzer.
Geschichtsblätter f. Technik u. Industrie 6.1919, 185–186
Kl.
Zu: W. Niemann in *Archiv für die Geschichte der Natur-
wissenschaften und der Technik* 8.1918, 206–221

351 100 Jahre deutsche Gasindustrie.
Geschichtsblätter f. Technik u. Industrie 6.1919, 187
Kl.

352 Salpeter.
Geschichtsblätter f. Technik u. Industrie 6.1919, 187
Kl.

353 Minen- und Gasangriffe vor 500 Jahren.
Geschichtsblätter f. Technik u. Industrie 6.1919, 188
Kl.
Zu: B. Neumann in *Chemiker-Zeitung* 42.1918, 253

354 Tiere, die Werkzeuge benutzen.
Geschichtsblätter f. Technik u. Industrie 6.1919, 191–192
Kl.
Zu: W. Bölsche in *Kosmos* 1919, 5–8

355 Personen- und Sachnamen in der Technik.
Geschichtsblätter f. Technik u. Industrie 6.1919, 192
Kl.
Zu: F. M. Feldhaus in *Prometheus* 1919, 206–207

356 200-Jahrfeier Technische Hochschule Prag.
Geschichtsblätter f. Technik u. Industrie 6.1919, 195
Kl.
Zu: *Technische Blätter* 50.1918, 14–17

357 Wirtschaftliche Erziehung.
Geschichtsblätter f. Technik u. Industrie 6.1919, 196
Kl.
Zu: Alfr. u. Friedr. Rausch: *Die wirtschaftliche Erziehung
der deutschen Jugend in Volksschulen und in höheren
Schulen.* Osterwieck/Harz, Leipzig: A. W. Zickfeldt 1919.
55 S.

358 Vineta.
Geschichtsblätter f. Technik u. Industrie 6.1919, 196–197
Kl.
Zu: R. Hennig in *Die Ostsee* 1.1919, 455–459, 469–473

359 Antiquariatskataloge H. Sotheran.
Geschichtsblätter f. Technik u. Industrie 6.1919, 197–198
Kl.

360 Die Zukunft der deutschen Wissenschaft.
Geschichtsblätter f. Technik u. Industrie 6.1919, 202–204
Kl.

361 Literarischer Ratgeber [des Dürerbundes. München 1919.]
Geschichtsblätter f. Technik u. Industrie 6.1919, 204
Kl.

362 Periodizität – Ophir – Sprengstoffe in der Bibel.
Geschichtsblätter f. Technik u. Industrie 6.1919, 204–205
Kl.
Zu: Rud. Mewes: *Die Kriegs- und Geistesperioden im Völkerleben und Verkündigung des nächsten Weltkrieges*. Eine astrologisch-physiologische Skizze. 2. erw. Aufl. Leipzig: Max Altmann 1917. VIII, 498 S.

363 Die Höhlenkinder im heimlichen Grund.
Geschichtsblätter f. Technik u. Industrie 6.1919, 205
Kl.
Zu: A. Th. Sonnleitner: *Die Höhlenkinder im heimlichen Grund*. Stuttgart: Franckh 1918.

364 Wadzeks Kampf mit der Dampfturbine.
Geschichtsblätter f. Technik u. Industrie 6.1919, 205–207
Kl.
Zu: Alfred Döblin: *Wadzeks Kampf mit der Dampfturbine.*
Berlin: S. Fischer 1928.

365 Pioniere.
Geschichtsblätter f. Technik u. Industrie 6.1919, 207
Kl.
Zu: Ernst Didring: *Pioniere. Roman aus dem Norden.*
Weimar: G. Kiepenheuer 1917. 273 S.

366 Frankfurter Uhrmacher.
Geschichtsblätter f. Technik u. Industrie 6.1919, 209
Kl.
Zu: F. M. Feldhaus in *Deutsche Uhrmacher-Zeitung* 1919,
113

367 Die ersten Uhrmacher in Niedersachsen und Westfalen.
Geschichtsblätter f. Technik u. Industrie 6.1919, 209–210
Kl.
Zu: H. G. Martin in *Die Uhrmacherkunst* 43.1918, 102–
103, 108–110

368 Leonardo da Vinci als Techniker.
Geschichtsblätter f. Technik u. Industrie 6.1919, 216–217
Kl.
Zu F. M. Feldhaus in *Prometheus* 30.1919, 265–266; in
Illustrierte Zeitung 1919, 429 (Nr. 3956)

369 Karl Frhr. v. Reichenbach.
     Geschichtsblätter f. Technik u. Industrie 6.1919, 217
     Kl.
     Zu: F. Scheminsky in *Psychische Studien* 1919, 1–6

370 James Watt.
     Geschichtsblätter f. Technik u. Industrie 6.1919, 220
     Kl.

371 Automobiler Wagen 1776.
     Geschichtsblätter f. Technik u. Industrie 6.1919, 225
     Kl.

372 Geschütze aus Eis.
     Geschichtsblätter f. Technik u. Industrie 6.1919, 231
     Kl.

373 Englische Industrie.
     Geschichtsblätter f. Technik u. Industrie 6.1919, 239–240
     Kl.

374 Französische Erfindungen.
     Geschichtsblätter f. Technik u. Industrie 6.1919, 240–241
     Kl.

375 Anschauliche Kulturgeschichte als Lehrmittel.
     Geschichtsblätter f. Technik u. Industrie 6.1919, 256
     Kl.

376 Die Mannheimer Handelshochschulbibliothek.
Geschichtsblätter f. Technik u. Industrie 6.1919, 264
Kl.

377 Familiengeschichte – Industriegeschichte – Landesge-
schichte.
Geschichtsblätter f. Technik u. Industrie 6.1919, 264–265
Kl.
Zu Justus Hashagen in *Deutsche Geschichtsblätter* 18.1917,
187–198

378 Industrie und Wissenschaft.
Geschichtsblätter f. Technik u. Industrie 6.1919, 265
Kl.

379 Eisenproduktion.
Geschichtsblätter f. Technik u. Industrie 6.1919, 266
Kl.

1920

380 Zur Geschichte des Lenkballons. Von Graf Carl v. Klinckowstroem.
Geschichtsblätter f. Technik u. Industrie 7.1920, 43–48

381 Bautechnik beim Stonehenge.
Geschichtsblätter f. Technik u. Industrie 7.1920, 58
Kl.

382 Antike Spuren der modernen Kultur.
Geschichtsblätter f. Technik u. Industrie 7.1920, 62
Kl.

Zu: Wilh. Exner, Wilh. Ostwald: Antike Spuren der modernen Kultur. *Neue Freie Presse* (Wien) 31.10.1920

383 Alte Luftschiffahrt.
Geschichtsblätter f. Technik u. Industrie 7.1920, 63–64
Kl.

384 Die Geschichte der Luftschiffahrt in Italien.
Geschichtsblätter f. Technik u. Industrie 7.1920, 64–65
Kl.

385 Gusmãos Flugprojekt.
Geschichtsblätter f. Technik u. Industrie 7.1920, 65–66
Kl.

386 Erstickende Gase als Kriegsmittel.
Geschichtsblätter f. Technik u. Industrie 7.1920, 71–72
Kl.

387 Chemiegeschichte.
Geschichtsblätter f. Technik u. Industrie 7.1920, 75
Kl.
Zu: P. Diergart in *Zeitschrift für angewandte Chemie* 1919,
304.

388 Phosphor.
Geschichtsblätter f. Technik u. Industrie 7.1920, 76
Kl.

389 Brom.
Geschichtsblätter f. Technik u. Industrie 7.1920, 77
Kl.

390 Künstliche Ernährung durch die Nase.
Geschichtsblätter f. Technik u. Industrie 7.1920, 77
Kl.

391 Apotheker als Pioniere der Wissenschaft.
Geschichtsblätter f. Technik u. Industrie 7.1920, 78–79
Kl.

392 Alte Nürnberger Apotheker- und Wundarzt-Porträts.
Geschichtsblätter f. Technik u. Industrie 7.1920, 79
Kl.

393 Der Techniker in Walhalla.
Geschichtsblätter f. Technik u. Industrie 7.1920, 79–80
Kl.
Zu: F. M. Feldhaus in *Mitteilungen des Reichsbundes Deutscher Technik.* Berlin 1919, Nr 36

394 Italienische Gelehrte.
Geschichtsblätter f. Technik u. Industrie 7.1920, 80
Kl.

395 Biringuccio's Pirotechnia.
Geschichtsblätter f. Technik u. Industrie 7.1920, 80–81
Kl.

396 Wissenschaft und Technik.
Geschichtsblätter f. Technik u. Industrie 7.1920, 83–84
Kl.

397 Sammelnamen.
Geschichtsblätter f. Technik u. Industrie 7.1920, 84
Kl.
Zu: P. Diergart in *Prometheus* 30.1919, Nr 1565

398 100 Jahre Dinglers Polytechnisches Journal.
Geschichtsblätter f. Technik u. Industrie 7.1920, 88–89
Kl.

399 Ein Jahrhundert München [München: Hanfstaengl 1919.
323 S.]
Geschichtsblätter f. Technik u. Industrie 7.1920, 89
Kl.

400 100 Jahre Breslauer Zeitung.
Geschichtsblätter f. Technik u. Industrie 7.1920,90
Kl.
Zu: Alfred Oehlke: *100 Jahre Breslauer Zeitung 1920–
1920*. Breslau 1920. VIII, 328 S.

401 Katalog Nr 773 von H. Sotheran.
Geschichtsblätter f. Technik u. Industrie 7.1920, 90–92
Kl.

402 Die Romantik in der Technik.
Geschichtsblätter f. Technik u. Industrie 7.1920, 92–93
Kl.

403 Technischer Roman.
Geschichtsblätter f. Technik u. Industrie 7.1920, 93
Kl.
Zu: Wilhelm Fischer: *Die Freude am Licht*. [zuerst: Leipzig, Berlin 1902; zahlreiche Auflagen]

404 Der Roman der Leipziger Messe.
Geschichtsblätter f. Technik u. Industrie 7.1920, 93
Kl.
Zu: Paul Burg: *Der goldene Schlüssel*. Leipzig: Staackmann 1919.

405 Das flammende Herz.
Geschichtsblätter f. Technik u. Industrie 7.1920, 93–94
Kl.
Zum Roman von Werner Scheff. Berlin: Ullstein 1919.

406 J. J. Becher.
Geschichtsblätter f. Technik u. Industrie 7.1920, 98–99
Kl.

407 Wilhelm Exner.
Geschichtsblätter f. Technik u. Industrie 7.1920, 100
Kl.

408 Joseph Gallmayr.
Geschichtsblätter f. Technik u. Industrie 7.1920, 100–101
Kl.

409 Museum Carolino-Augustinum in Salzburg.
     Geschichtsblätter f. Technik u. Industrie 7.1920, 101–102
     Kl.

410 Museum Francisco-Carolinum zu Linz.
     Geschichtsblätter f. Technik u. Industrie 7.1920, 102
     Kl.

411 Hebeballone.
     Geschichtsblätter f. Technik u. Industrie 7.1920, 101
     Kl.

412 Modellsammlung Schreiber.
     Geschichtsblätter f. Technik u. Industrie 7.1920, 105–106
     Kl.

413 Die Wasserkünste zu Hellbrunn.
     Geschichtsblätter f. Technik u. Industrie 7.1920, 106
     Kl.

414 Der Cartesianische Taucher.
     Geschichtsblätter f. Technik u. Industrie 7.1920, 106–109
     Kl.

415 Schraubenräder.
     Geschichtsblätter f. Technik u. Industrie 7.1920, 113
     kl.

416 Schachmaschine 1820.
     Geschichtsblätter f. Technik u. Industrie 7.1920, 113–114
     Kl.

416 Die Erschießung des Isaak.
Geschichtsblätter f. Technik u. Industrie 7.1920, 115–116
Kl.

418 Einheitliches Maßsystem der antiken Völker.
Geschichtsblätter f. Technik u. Industrie 7.1920, 116–117
Kl.

419 Zur Geschichte des Fernrohrs.
Geschichtsblätter f. Technik u. Industrie 7.1920, 118–119
Kl.

420 Zur Datierung des Veranzio.
Geschichtsblätter f. Technik u. Industrie 7.1920, 120
Kl.

421 Beleuchtete Turmuhr.
Geschichtsblätter f. Technik u. Industrie 7.1920, 122
Kl.

422 Zauberlaterne.
Geschichtsblätter f. Technik u. Industrie 7.1920, 122
Kl.

423 *Verzeichnis der Arbeiten von Carl Graf v. Klinckowstroem,
München.*
Wittenberg: Herrosé & Ziemsen 1920. 8 S.
Privatdruck, in 100 Exemplaren hergestellt, Ende 1920.
Rez.: *Mitteilungen zur Geschichte der Medizin und der
Naturwissenschaften* 20.1921, 116 (R. Zaunick)

424 Mechanische Schachspieler.
     München-Augsburger Abendzeitung Nr 78 des Stadtan-
     zeigers v. 30. April 1920
     Dort nicht ermittelt.

425 Eine Sammelstelle für literarische Nachlässe. Von Graf
     Karl v. Klinckowstroem (München).
     Tägliche Rundschau. Unterhaltungsbeilage, Nr 222 v. 5.
     Okt. 1920, S. 1

426 [Anekdote.]
     Der grundgescheute Antiquarius 1.1920:2, S. 51
     Kl.

427 Bibliophiles aus Alt-München. Von Graf Carl von Klin-
     ckowstroem. Carl Erenbert Frhr. v. Moll als Sammler und
     Bibliophile.
     Der grundgescheute Antiquarius 1.1920:2, S. 52–57

428 Der gespenstische Jacobus.
     Der grundgescheute Antiquarius 1.1920:2, S. 61–63
     Klinckowstroem

429 Die Wünschelrute. Von Graf Carl v. Klinckowstroem.
     Deutsche Allgemeine Zeitung Nr 607 v. 11. Dez. 1920.
     Beilage Unterhaltung und Wissen, S. 2.
     Erweitert wieder abgedruckt im *Sammler*, Nr 149 v. 28.
     Dez. 1920.

430 Über Selbsttäuschung und Irrtum in der Wünschelruten-
forschung. Mitgeteilt von Graf Carl v. Klinckowstroem.
Die Wünschelrute 1920:12, S. 107–108

431 Die Vision Karl XI. von Schweden. Von Graf Karl v. Klinckowstroem.
Psychische Studien 1920, 314–315

432 [Rez.] John G. Tandberg: Die Triewaldsche Sammlung am
Physikalischen Institut der Universität zu Lund und die
Original-Luftpumpe Guerickes. S.-A. aus Lunds Univer-
sitets Arsskrift. N.F., Avd. 2, Bd XVI, Nr 9 (Kungl. Fysio-
grafiska Sällskapets Handlingar N. F. 31, Nr 9.). Lund,
Leipzig 1920. 31 S. 5 Abb.
*Mitteilungen zur Geschichte der Medizin und der Natur-
wissenschaften* 19. 1920, 246–247
Graf Carl. v. Klinckowstroem, München

1921

433 Drei Briefe von Johann Wilhelm Ritter. Mitgeteilt von
Graf Carl v. Klinckowstroem.
Der grundgescheute Antiquarius 1.1921:4/5, 120–128

434 Goethe und J. W. Ritter. Von Graf Carl v. Klinckowstroem
(München). (Mit Ritters Briefen an Goethe.)
Jahrbuch der Goethe-Gesellschaft 8.1921, 135–151

435 Technisches und Technologisches in den Akten der Baye-
rischen Akademie der Wissenschaften. Mitgeteilt von
Graf Carl v. Klinckowstroem.
Geschichtsblätter f. Technik u. Industrie 8.1921, 10–16

436 Zur Datierung von Pascals Rechenmaschine. Von Graf
    Carl v. Klinckowstroem.
    Geschichtsblätter f. Technik u. Industrie 8.1921, 16–21
    Dazu: Erwiderung. Von F. M. Feldhaus, ebda., 21–22

437 Antike Spuren der modernen Kultur.
    Geschichtsblätter f. Technik u. Industrie 8.1921, 48
    Kl.

438 Teleskope im alten Babylon?
    Geschichtsblätter f. Technik u. Industrie 8.1921, 48–49
    Kl.

439 Aus der Frühzeit der Schienen.
    Geschichtsblätter f. Technik u. Industrie 8.1921, 50–51
    Kl.

440 Brücken bei den Naturvölkern.
    Geschichtsblätter f. Technik u. Industrie 8.1921, 51–52
    Kl.

441 Mathematische Zeichen.
    Geschichtsblätter f. Technik u. Industrie 8.1921, 54
    Kl.

442 Die Triewaldsche Instrumentensammlung in Lund.
    Geschichtsblätter f. Technik u. Industrie 8.1921, 54–55
    Kl.

443 Zur Geschichte des Maschinenbaus.
Geschichtsblätter f. Technik u. Industrie 8.1921, 55
Kl.

444 Wasserschnecke.
Geschichtsblätter f. Technik u. Industrie 8.1921, 58
Kl.

445 Feuerspritzenmacher um 1698.
Geschichtsblätter f. Technik u. Industrie 8.1921, 58
Kl.

446 Feuerspritze um 1650.
Geschichtsblätter f. Technik u. Industrie 8.1921, 58
Kl.

447 Briefschießen.
Geschichtsblätter f. Technik u. Industrie 8.1921, 59
Kl.

448 Lustige Elektrotechnik.
Geschichtsblätter f. Technik u. Industrie 8.1921, 62
Kl.

449 Dürers Melancholie.
Geschichtsblätter f. Technik u. Industrie 8.1921, 62
Kl.

450 Wie ein Ding nutzt, wird es geputzt.
Geschichtsblätter f. Technik u. Industrie 8.1921, 62
Kl.

451 300 Jahre Eisengewinnung mit Steinkohle.
Geschichtsblätter f. Technik u. Industrie 8.1921, 62
Kl.

452 Der Diamant auf dem Amboß.
Geschichtsblätter f. Technik u. Industrie 8.1921, 63
Kl.

453 Eisbrecher.
Geschichtsblätter f. Technik u. Industrie 8.1921, 63
Kl.

454 Heilgymnastischer Apparat von 1733.
Geschichtsblätter f. Technik u. Industrie 8.1921, 63
Kl.

455 Sporen am Steigbügel.
Geschichtsblätter f. Technik u. Industrie 8.1921, 63
Kl.

456 Italienische Gartenautomaten.
Geschichtsblätter f. Technik u. Industrie 8.1921, 63–64
Kl.

457 «Mechanische Schachspieler».
Geschichtsblätter f. Technik u. Industrie 8.1921, 64–66
Kl.

458 Daguerrotypie in Hamburg.
Geschichtsblätter f. Technik u. Industrie 8.1921, 67
Kl.

459 Glocken.
Geschichtsblätter f. Technik u. Industrie 8.1921, 67–68
Kl.

460 Bayerische Glocken.
Geschichtsblätter f. Technik u. Industrie 8.1921, 69
Kl.

461 Samt.
Geschichtsblätter f. Technik u. Industrie 8.1921, 69
Kl.

462 Die Laterna magica bei Kircher.
Geschichtsblätter f. Technik u. Industrie 8.1921, 71
Kl.

463 Die Laterna magica in England.
Geschichtsblätter f. Technik u. Industrie 8.1921, 71–72
Kl.

464 Thomas Walgenstein und die Zauberlaterne.
Geschichtsblätter f. Technik u. Industrie 8.1921, 72
Kl.

465 Die Projektionsuhr.
Geschichtsblätter f. Technik u. Industrie 8.1921, 73–74
Kl.

466 Kunstuhr.
Geschichtsblätter f. Technik u. Industrie 8.1921, 74
Kl.

467 Kugellaufuhren mit Singkugeln.
Geschichtsblätter f. Technik u. Industrie 8.1921, 74–75
Kl.

468 Taschenuhren.
Geschichtsblätter f. Technik u. Industrie 8.1921, 75
Kl.

469 Augsburger Uhrmacher.
Geschichtsblätter f. Technik u. Industrie 8.1921, 75–76
Kl.

470 Ballspiel.
Geschichtsblätter f. Technik u. Industrie 8.1921, 76
Kl.

471 Vom Zündstock zum Zündhölzchen.
Geschichtsblätter f. Technik u. Industrie 8.1921, 76–77
Kl.

472 Dachseisen von 1405.
Geschichtsblätter f. Technik u. Industrie 8.1921, 77
Kl.

473 Wolfsgrube von 1579.
Geschichtsblätter f. Technik u. Industrie 8.1921, 77
Kl.

474 Anachronismen auf der Bühne.
Geschichtsblätter f. Technik u. Industrie 8.1921, 77
Kl.

475 Requisiten.
Geschichtsblätter f. Technik u. Industrie 8.1921, 77
Kl.

476 Geschichte der Wissenschaften.
Geschichtsblätter f. Technik u. Industrie 8.1921, 82, 83
Kl.

477 Zwei Zeitschriften für die Geschichte der Wissenschaften.
Geschichtsblätter f. Technik u. Industrie 8.1921, 83–86
Kl.
[Archivio di Storia della Scienza, Isis]

478 Carnegie Institution.
Geschichtsblätter f. Technik u. Industrie 8.1921, 86–87
Kl.

479 Ein Institut für Geschichte der Wissenschaften und Kultur-
geschichte.
Geschichtsblätter f. Technik u. Industrie 8.1921, 47–48
Kl.

480 Internationale Organisation.
Geschichtsblätter f. Technik, Industrie u. Gewerbe 8.1921,
88
Kl.

481 Krieg und Wissenschaft.
Geschichtsblätter f. Technik u. Industrie 8.1921, 88–89
Kl.

482 Eine Zentralstelle für literarische Nachlässe.
Geschichtsblätter f. Technik u. Industrie 8.1921, 89–90
Kl.

483 Antiquariatskataloge Burgsdorff.
Geschichtsblätter f. Technik u. Industrie 8.1921, 91–93
Kl.

484 Antiquariatskatalog Nr 670 Joseph Baer.
Geschichtsblätter f. Technik u. Industrie 8.1921, 93
Kl.

485 Antiquariatskatalog Speyer und Peters.
Geschichtsblätter f. Technik u. Industrie 8.1921, 94
Kl.

486 Die Höhlenkinder im Pfahlbau und im Steinhaus.
Geschichtsblätter f. Technik u. Industrie 8.1921, 94–95
Kl.
[Zu A. Th. Sonnleitner: *Die Höhlenkinder im Pfahlbau.*
Stuttgart: Franckh 1919. 263 S. – *Die Höhlenkinder im
Steinhaus*. 1920. 255 S.]

487 Der erste urkundlich erwähnte Eisengießer.
Geschichtsblätter f. Technik u. Industrie 8.1921, 98
Kl.

488 Nicolaus Lenz.
Geschichtsblätter f. Technik u. Industrie 8.1921, 101
Kl.

489 Leonardo da Vinci.
Geschichtsblätter f. Technik u. Industrie 8.1921, 102
Kl.

490 Luitpold-Museum Kulmbach.
Geschichtsblätter f. Technik u. Industrie 8.1921, 103–104
Kl.

491 Museum antiker Kleinkunst.
Geschichtsblätter f. Technik u. Industrie 8.1921, 104–105
Kl.

492 Archiv für afrikanische und allgemeine Völkerkunde.
Geschichtsblätter f. Technik u. Industrie 8.1921, 105
Kl.

493 Residenz-Museum München.
Geschichtsblätter f. Technik u. Industrie 8.1921, 105–106
Kl.

494 Turn-Apparat.
Geschichtsblätter f. Technik u. Industrie 8.1921, 109
Kl.

495 Erfinderin als Hexe?
Geschichtsblätter f. Technik u. Industrie 8.1921, 109
Kl.

496 Eisenbahnfeindschaft.
Geschichtsblätter f. Technik u. Industrie 8.1921, 109–110
Kl.

497   Bekämpfte Erfindungen.
Geschichtsblätter f. Technik u. Industrie 8.1921, 110
Kl.

498   Schlittenfahren im Sommer.
Geschichtsblätter f. Technik u. Industrie 8.1921, 104–105
Kl.

499   Automaten.
Geschichtsblätter f. Technik u. Industrie 8.1921, 115
Kl.

500   Amerikanische Flugmaschinen.
Geschichtsblätter f. Technik u. Industrie 8.1921, 116–118
Kl.

501   Ein Besuch bei Montgolfier.
Geschichtsblätter f. Technik u. Industrie 8.1921, 118–119
Kl.

502   Hinrichtung mittelst Elektrizität.
Geschichtsblätter f. Technik u. Industrie 8.1921, 121
Kl.

503   Merkwürdige Blinde.
Geschichtsblätter f. Technik u. Industrie 8.1921, 121–123
Kl.

504   Ein merkwürdiger griechischer Wollenpelz.
Geschichtsblätter f. Technik u. Industrie 8.1921, 123–124
Kl.

505 Füllfedern.
Geschichtsblätter f. Technik u. Industrie 8.1921, 124
Kl.

506 Das Jubiläum der Mundharmonika.
Geschichtsblätter f. Technik u. Industrie 8.1921, 125
Kl.

507 Adel und Wissenschaft. Von Graf Carl v. Klinckowstroem.
Der Sammler, Unterhaltungs- und Literaturbeilage der
München-Augsburger Abendzeitung. Nr 21 v. 17. Febr.
1921, S. 1–2
Unterhaltungsbeilage zur Deutschen Tageszeitung. 23. 2.
1921, 3. Beibl.
Rez.: *Mitteilungen zur Geschichte der Medizin und der Na-
turwissenschaften* 20.1921, 115–116 (Günther)

508 [Rez.] Correspondance de H. C. Oersted avec divers
savants. Publiée par M. C. Harding. Aux frais de la
Fondation Carlsberg. 2 Bde. Copenhague: H. Aschehoug
1920. Mit zusammen 7 Faksimiletafeln.
*Mitteilungen zur Geschichte der Medizin und der Natur-
wissenschaften* 20.1921, 114–115
Graf Carl v. Klinckowstroem, München

509 [Rez.] Franz M. Feldhaus: Ka-Pi-Fu und andere ver-
schämte Dinge. Ein fröhlich Buch für stille Orte mit (130)
Bildern. Privatdruck. Berlin-Friedenau: Selbstverlag 1921.
320 S.

Mitteilungen zur Geschichte der Medizin und der Natur-wissenschaften 20.1921, 183
Graf Carl von Klinckowstroem, München

510 Zur Gall-Biographie.
Mitteilungen zur Geschichte der Medizin und der Natur-wissenschaften 20. 1921, 286–287
Graf Carl v. Klinckowstroem, München

511 Zur Wünschelrutenfrage ...
Rigaer Zeitung 11.12.1921
Graf Klinckowstroem schreibt uns: ...

512 Der Jäger aus Kurpfalz. Von Graf Karl v. Klinckowstroem.
Der Sammler. Nr 119 v. 6.10.1921, S. 4–5

513 Der älteste Mann der Welt.
Neue Bad. Landeszeitung 15.10.1921
Graf Carl v. Klinckowstroem (München)

514 Das Deutsche Museum in München. Von Graf Carl von Klinckowstroem.
Kraft und Stoff Nr 24 v. 19. Juni 1921

1922

515 *Die Wünschelrute als wissenschaftliches Problem.* Mit An-hang: Geophysikalische Aufschlußmethoden. Von Graf Carl v. Klinckowstroem. Mit 3 Abbildungen.
Stuttgart: Konrad Wittwer 1922. 40 S.
Rez.: *Archivio di storia della scienza* 4.1923, 182 (Aldo Mieli)

516 Johann Wilhelm Ritter und der Elektromagnetismus. Von
Graf Carl v. Klinckowstroem.
*Archiv für die Geschichte der Naturwissenschaften und der
Technik* 9.1922, 67–85

517 100 Jahre Soldat.
Der Sammler Nr 88 v. 25.7.1922
C. K.

518 *Yogi-Künste*. Von Graf Carl v. Klinckowstroem.
 Pfullingen: Johannes Baum Verlag 1922. 32 S.
(Okkulte Welt 99.)
Gedruckt bei Oertel & Spörer, Reutlingen in Württ.
Auch: 2.–3. Auflage. 1922.
Zuerst erschienen als: Indische Gauklerkünste. Von Graf
Carl v. Klinckowstroem, in *Psychische Studien* 1922, 254–
269 und 309–323.

519 Von Kunst- und Raritätenkammern. Von Graf Carl. v.
Klinckowstroem
Geschichtsblätter f. Technik u. Industrie 9.1922, 12–25
(Schluß und Literaturzusammenstellung folgt.)

520 Von vergessenen Büchern. Mit 1 Abb. auf Taf. VIII. Von
Graf Carl v. Klinckowstroem.
Geschichtsblätter f. Technik u. Industrie 9.1922, 25–38

521 Die Pflanze als Erfinder.
Geschichtsblätter f. Technik u. Industrie 9.1922, 55–57
Kl.

522 Tage der Kultur – Wandkalender Deutscher Ingenieure.
Geschichtsblätter f. Technik u. Industrie 9.1922, 58
Kl.

523 Drais' Laufmaschine.
Geschichtsblätter f. Technik u. Industrie 9.1922, 58–59
Kl.

524 Eine Handelsbehörde an der Donau im Mittelalter.
Geschichtsblätter f. Technik u. Industrie 9.1922, 59–60
Kl.

525 Eddergold.
Geschichtsblätter f. Technik u. Industrie 9.1922, 61
Kl.

526 Reibzündhölzer.
Geschichtsblätter f. Technik u. Industrie 9.1922, 62
Kl.

527 Elektrisches Glimmlicht vor 100 Jahren.
Geschichtsblätter f. Technik u. Industrie 9.1922, 62–63
Kl.

528 Bogenlicht und Glühlampe.
Geschichtsblätter f. Technik u. Industrie 9.1922, 63
Kl.

529 Sonnenkraftmaschinen.
Geschichtsblätter f. Technik u. Industrie 9.1922, 65–66
Kl.

530 Ka – Pi – Fu.
Geschichtsblätter f. Technik u. Industrie 9.1922, 69
Kl.

531 Kondom.
Geschichtsblätter f. Technik u. Industrie 9.1922, 69
Kl.

532 Zentrale für Fernsprecher usw. im 17. Jahrhundert.
Geschichtsblätter f. Technik u. Industrie 9.1922, 69
Kl.

533 Kann man Glas zerschreien?
Geschichtsblätter f. Technik u. Industrie 9.1922, 70
Kl.

534 Geschütze aus Eis.
Geschichtsblätter f. Technik u. Industrie 9.1922, 70
Kl.

535 175 Jahre Fürstenberger Porzellan.
Geschichtsblätter f. Technik u. Industrie 9.1922, 70
Kl.

536 Vom Weihnachtsbaum.
Geschichtsblätter f. Technik u. Industrie 9.1922, 70–71
Kl.

537 Internationale wissenschaftliche Forschung.
Geschichtsblätter f. Technik u. Industrie 9.1922, 71–72
Kl.

538 Zur Kriegspsychologie.
Geschichtsblätter f. Technik u. Industrie 9.1922, 72–73
Kl.

539 Bibliotheca aeronautica.
Geschichtsblätter f. Technik u. Industrie 9.1922, 73–74
Kl.

540 Antiquariatskatalog Sotheran.
Geschichtsblätter f. Technik u. Industrie 9.1922, 74
Kl.

541 Index generalis.
Geschichtsblätter f. Technik u. Industrie 9.1922, 74
Kl.

542 Biographische Nachschlagewerke.
Geschichtsblätter f. Technik u. Industrie 9.1922, 75
Kl.
Zu: Rudolf Wimpfel: *Biographische Nachschlagewerke, Adelslexika, Wappenbücher. Systematische Zusammenstellung für Historiker und Genealogen.* Leipzig: W. Heims 1922. 128 S.

543 Joseph von Ranson.
Geschichtsblätter f. Technik u. Industrie 9.1922, 80–81
Kl.

544 Röntgen.
Geschichtsblätter f. Technik u. Industrie 9.1922, 81–82
Kl.

545 Dorfmuseen.
Geschichtsblätter f. Technik u. Industrie 9.1922, 83
Kl.

546 Das Deutsche Museum.
Geschichtsblätter f. Technik u. Industrie 9.1922, 84–85
Kl.

547 Das Volkskunsthaus Wallach.
Geschichtsblätter f. Technik u. Industrie 9.1922, 85
Kl.

548 Uhrensammlung [Otto Baer].
Geschichtsblätter f. Technik u. Industrie 9.1922, 85
Kl.

549 Bibliotheken.
Geschichtsblätter f. Technik u. Industrie 9.1922, 86
Kl.

550 Technische Zentralbibliothek.
Geschichtsblätter f. Technik u. Industrie 9.1922, 86
Kl.

551 P. Andrich.
Geschichtsblätter f. Technik u. Industrie 9.1922, 88–89
Kl.

552 Warmluftballon 1731 in Rußland?
Geschichtsblätter f. Technik u. Industrie 9.1922, 90
Kl.

553 Das Schönfeld'sche Museum.
Geschichtsblätter f. Technik u. Industrie 9.1922, 90–91
Kl.

554 Miniaturuhren im 15. Jahrhundert?
Geschichtsblätter f. Technik u. Industrie 9.1922, 92
Kl.

555 Philadelphia.
Geschichtsblätter f. Technik u. Industrie 9.1922, 92
Kl.

556 Fächerausstellung in Madrid.
Geschichtsblätter f. Technik u. Industrie 9.1922, 93
Kl.

557 Tabak, Pfeife, Rauchrequisiten und Feuerzeug.
Geschichtsblätter f. Technik u. Industrie 9.1922, 93–94
Kl.

558 Zigarette.
Geschichtsblätter f. Technik u. Industrie 9.1922, 94-95
Kl.

559 400 Jahre Schokolade.
Geschichtsblätter f. Technik u. Industrie 9.1922, 95–96
Kl.

560 Vakuum-Apparat.
Geschichtsblätter f. Technik u. Industrie 9.1922, 96–97
Kl.

561 Kartoffelstärke.
Geschichtsblätter f. Technik u. Industrie 9.1922, 97
Kl.

562 Schusser.
Geschichtsblätter f. Technik u. Industrie 9.1922, 98
Kl.

563 Fliegenschießen.
Geschichtsblätter f. Technik u. Industrie 9.1922, 98–99
Kl.

564 Grabinschrift auf einen Schmied.
Geschichtsblätter f. Technik u. Industrie 9.1922, 100
Kl.

565 Gesellschaft für Geschichte der Naturwissenschaften, der
Medizin und der Technik am Niederrhein.
Geschichtsblätter f. Technik u. Industrie 9.1922, 102
Kl.

566 Deutsche Wissenschaft.
Geschichtsblätter f. Technik u. Industrie 9.1922, 102
Kl.

567 Etwas von Bücherpreisen.
Geschichtsblätter f. Technik u. Industrie 9.1922, 103
Kl.

568 Von Bücherpreisen.
Geschichtsblätter f. Technik u. Industrie 9.1922, 103-104
Kl.

569 Hugo Stinnes.
Geschichtsblätter f. Technik u. Industrie 9.1922, 105–106
Kl.

570 August Borsig.
Geschichtsblätter f. Technik u. Industrie 9.1922, 106–107
Kl.

571 50 Jahre Continental.
Geschichtsblätter f. Technik u. Industrie 9.1922, 108–109
Kl.

572 Die Kontinental-Caotchouc- und Guttapercha-Comp.
Geschichtsblätter f. Technik u. Industrie 9.1922, 109
Kl.

573 Die Säge.
Geschichtsblätter f. Technik u. Industrie 9.1922, 109
Kl.

574 Okkultismus und Wissenschaft. Von Graf Carl v. Klinckowstroem.
Die Umschau 26.1922, 497–499

575 Entlarvte Medien. Ein Bericht. Von Graf Carl v. Klinckowstroem.
Die Umschau 26.1922, 733–736

576 Hat Nostradamus technische Dinge prophezeit? Von Graf
Carl v. Klinckowstroem.
Der Sammler Nr 149 v. 14.12.1922, [S. 1–2]

577 Physik und Wünschelrute. Von Graf Carl v. Klinckow-
stroem.
Unterhaltungsbeilage zur Deutschen Tageszeitung, 2.
Beibl., 6. Mai 1922

1923

578 Die Anfänge der physikhistorischen Forschung.
Archivio di storia della scienza 4.1923, 113–122
München. Graf Carl v. Klinckowstroem

579 Selbstbiographien.
Bücherstube 2.1923, 23
Graf Klinckowstroem

580 Tout comme chez nous.
Bücherstube 2.1923, 23–24
Graf Klinckowstroem

581 Bibliophiles aus Alt-München von Carl Graf von Klin-
ckowstroem. II. Des «Bibliomanen» Th. Fr. Dibdin
Bücherkäufe in München.
Der grundgescheute Antiquarius 2.1922/23, 13–17

582 Von Bücherfreunden.
Der grundgescheute Antiquarius 2.1922/23, 26–27
Graf Carl v. Klinckowstroem

583 Vom alten Wiener Tändelmarkt.
Der grundgescheute Antiquarius 2.1922/23, 28
v. Kl.

584 Bibliographie der erfindungsgeschichtlichen Literatur. Zusammengestellt von F. M. Feldhaus und Graf Carl v. Klinckowstroem.
Geschichtsblätter f. Technik u. Industrie 10.1923, 1–21

585 Technik [Feldhaus: Ruhmesblätter der Technik].
Geschichtsblätter f. Technik u. Industrie 10.1923, 27
Kl.

586 Tretmühlen.
Geschichtsblätter f. Technik u. Industrie 10.1923, 31
Kl.
Zu: Feldhaus: Tretmühlen. *Ill. Zeitung* 4060, 1923, S. 402.

587 Perpetuum mobile.
Geschichtsblätter f. Technik u. Industrie 10.1923, 33
Kl.
Zu: Feldhaus: Ein Perpetuum mobile von Schlüter. *Deutsche Allgemeine Zeitung* 8.9.1921.

588 [Rez.] Feldhaus: Die Feile im Altertum. DAZ 12. Nov. 1922.
Geschichtsblätter f. Technik u. Industrie 10.1923, 33
Kl.

589 [Rez.] Feldhaus: Kraftschlitten. DAZ 10.12.1922, 11.2. 1923.

Geschichtsblätter f. Technik u. Industrie 10.1923, 33
Kl.

590 [Rez.] Feldhaus: Die ersten Eisenbahnen in Wuppertal.
DAZ 10.6.1922.
Geschichtsblätter f. Technik u. Industrie 10.1923, 33
Kl.

591 [Rez.] Feldhaus: Ein Eisenbahntheater von 1840. DAZ
25.3.1922.
Geschichtsblätter f. Technik u. Industrie 10.1923, 34
Kl.

592 [Rez.] Westinghouse und sein deutscher Vorläufer. DAZ
9.10.1921.
Geschichtsblätter f. Technik u. Industrie 10.1923, 34
Kl.

593 [Rez.] Feldhaus: Alte elektrische Kraftwagen. DAZ 26.11.
1922.
Geschichtsblätter f. Technik u. Industrie 10.1923, 34
Kl.

594 Schiffsanker.
Geschichtsblätter f. Technik u. Industrie 10.1923, 35
Kl.

595 [Rez.] Feldhaus: Luftfahrten einst und jetzt. 2. verb. Auf-
lage mit 39. Abb. Berlin: Herm. Paetel 1923.
Geschichtsblätter f. Technik u. Industrie 10.1923, 35
Kl.

596 [Rez.] Feldhaus: Aus der Geschichte des motorlosen Fluges. DAZ 26.8. 1922.
Geschichtsblätter f. Technik u. Industrie 10.1923, 35
Kl.

597 [Rez.] Feldhaus: Das neuentdeckte Australien. Ein Fliegerroman. DAZ 26.8. 1922.
Geschichtsblätter f. Technik u. Industrie 10.1923, 35
Kl.

598 [Rez.] Feldhaus: Stabgeläute und Köhlerglocken. Die Szene 1921, 157, 1 Abb.
Geschichtsblätter f. Technik u. Industrie 10.1923, 39
Kl.

599 [Rez.] Feldhaus: Egoismus, Starrsinn und Elektrizität. DAZ 14.1.1923.
Geschichtsblätter f. Technik u. Industrie 10.1923, 39
Kl.

600 [Rez.] Feldhaus: Wie sahen Glocken und Klingeln damals aus? Die Szene 1921, S. 188, 3 Abb.
Geschichtsblätter f. Technik u. Industrie 10.1923, 39
Kl.

601 [Rez.] Ernst Darmstaedter; Die Alchemie des Geber, übersetzt und erklärt. Mit 10 Lichtdrucktafeln. Berlin: J. Springer 1922. VIII, 202 S.
Geschichtsblätter f. Technik u. Industrie 10.1923, 41–42
Kl.

602 [Rez.] Feldhaus: Die Salatmaschine. DAZ 29.10.1922.
Geschichtsblätter f. Technik u. Industrie 10.1923, 42
Kl.

603 [Rez.] Feldhaus: Der Dichter der Jobsiade und die Alchemie. Chemikerzeitung 1921, Nr 125.
Geschichtsblätter f. Technik u. Industrie 10.1923, 42
Kl.

604 [Rez.] Feldhaus: Der Apotheker als Erfinder. DAZ 10.6.
1922.
Geschichtsblätter f. Technik u. Industrie 10.1923, 46
Kl.

605 [Rez.] Feldhaus: Hans Lobsingers vergessene Erfindung.
DAZ 29.7.1922.
Geschichtsblätter f. Technik u. Industrie 10.1923, 46
Kl.

606 [J. Schuster.]
Geschichtsblätter f. Technik u. Industrie 10.1923, 47
Kl.

607 [Rez.] Feldhaus: Die Bewertung technischer Verdienste
vor 75 Jahren. DAZ 13.11.1921.
Geschichtsblätter f. Technik u. Industrie 10.1923, 47
Kl.

608 [Rez.] Feldhaus: Preußens erste Gewerbeausstellung 1822.
    DAZ 3.4.1922.
    Geschichtsblätter f. Technik u. Industrie 10.1923, 49
    Kl.

609 Entlarvte Medien. Von Graf Carl. v. Klinckowstroem. II.
    Die Umschau 27.1923, 129–131

610 Mediumistische Forschung. Von Graf Carl v. Klinckow-
    stroem.
    Die Umschau 27.1923, 593–596

611 Die Reise in den Weltraum. Von Graf Karl von Klinckow-
    stroem.
    Der Sammler Nr 46 v. 9. Juni 1923, S. 3–4

612 Die mediumistischen Phänomene. Eine kritische und histo-
    rische Betrachtung. Von Graf Carl v. Klinckowstroem.
    Neue Freie Presse Nr 21219 v. 4. Okt. 1923, S. 10

1924

613 *Franz Maria Feldhaus der Historiker der Technik wurde
    am 10. März 1924 zum Dr.-Ing. e.h. ernannt, wird am 26.
    April 1924 fünfzig Jahre alt, schenkt seine wissenschaft-
    liche Sammlung dem Staat und baut dafür ein Heim.*
    O.O. 1924. 2 Bl. , Porträt 4°
    Den wissenschaftlichen Freunden, der Familie, der Presse
    von Graf Carl von Klinckowstroem, München, Hohenzol-
    lernstraße 130, überreicht.

614 Indische Gauklerkünste. Nachträge von Carl v. Klinckow-
stroem
Psychische Studien 51.1924, 354-362 , 401–410
Auch: Sonderdruck: 16 S.
Zu: Klinckowstroem: *Yogi-Künste*. 1922.

615 Die Medium-Phänomene. Von Graf Carl v. Klinckow-
stroem-München.
Literatur, Kunst, Wissenschaft. Sonntagsblatt der Neuen
Preußischen (Kreuz-) Zeitung Nr 7; 2. Beil. zu Nr 69 v. 10.
Febr. 1924

616 Die Wünschelrute. Von Graf Karl v. Klinckowstroem.
Bilder-Woche der Linzer Tages-Post Nr 5 v. 20. April.
1924

617 Die Experimente von Dr. Frh. von Schrenck-Notzing mit
dem Medium Willy Schneider: eine kritische Analyse;
Vortrag gehalten im Juli 1923 von Graf Carl v.
Klinckowstroem.
O.O. 1924, S. 72–107
Aus: *Ernst und Scherz aus der Waldenburger Tafelrunde*,
hrsg. v. Georg Minde-Pouet. Leipzig 1924. (Waldenburger
Schriften 3.)

618 [Rcz.] Neuburger, Dr. Albert: Die Technik des Altertums.
Zweite verbesserte Auflage. Mit 676 Abbildungen. Leipzig: R. Voigtländer 1921. XVIII, 570 S.
Neudeck, G.: Geschichte der Technik. Mit 550 Abbildungen. Stuttgart, Heilbronn: Walter Seifert 1923. 3 Bl.,
490 S.

Isis 6.1924, 129–131
München. Graf Carl v. Klinckowstroem

619 [Rez.] Katalog der Bibliothek des Reichspatentamts. Stand
vom 1 Oktober 1923. 3 Bände in gr-8° Berlin 1923.
Isis 6.1924, 131
München. Graf Carl v. Klinckowstroem

620 «Nationale Erfindungen.» Von Graf Carl v. Klinckowstroem.
Die Umschau 28.1924, 37–40

621 Entlarvte Medien. III. Von Graf Carl v. Klinckowstroem.
Die Umschau 28.1924, 377–380

1925

622 Indische Zauberkünste: Vortrag, gehalten am 17.7.1924 im
Schlosse zu Waldenburg in Sachsen von Carl v. Klinckow-
stroem.
Das schönburgische Geistervariété. Leipzig: Poeschel &
Trepte 1925 (Waldenburger Schriften H. 4). 34 S.

623 Houdini und der Mediumismus. Von Graf Karl von Klinckowstroem.
Die Umschau 29.1925, 283–287

624 Hat Nostradamus technische Dinge prophezeit? Von Graf
Carl v. Klinckowstroem.
Wissenschaftliche Beilage. Dienstag-Beilage des Dresdner
Anzeigers Nr 8 v. 24.Febr. 1925, S. 31

625 Parapsychische Phänomene. Von Graf Karl v. Klinckowstroem.
Neues Wiener Journal 12. Juni 1925

626 Das Wunder der Telepathie. Parapsychische Phänomene.
Von Graf Carl v. Klinckowstroem.
Hamburgischer Correspondent Nr 415 v. 6. Sept. 1925, 2.
Beil.

627 *Der physikalische Mediumismus.* Von Dr. med. W. v.
Gulat-Wellenburg, Neurologe und Psychiater in München,
Graf Carl v. Klinckowstroem in München und Dr. med.
Hans Rosenbusch, Internist und Nervenarzt in München.
Mit Abbildungen im Text und fünfzehn Kunstdrucktafeln.
Berlin: Ullstein 1925. XIII, 494 S.
(Der Okkultismus in Urkunden. Herausgegeben von Max
Dessoir 1.)
Darin:
I, 3. Experimentelle Untersuchungen über Beobachtungs-
fehler. Von Graf Carl. v. Klinckowstroem. S. 47–
II. Die «Confessions of a medium». Von Graf Carl v. Klin-
ckowstroem. S. 76–
IV. Die Experimente von William Crookes mit D. D.
Home und Florence Cook. Mit fünf Abbildungen im Text.
Von Graf Carl. v. Klinckowstroem. S. 112–
V. Slade und Zöllner. Von Graf Carl v. Klinckowstroem. S.
149–
XI. Franek – Kluski. Mit einem Situationsplan. Von Graf
Carl v. Klinckowstroem. S. 402–
XII. Willy Schn. Mit zwei Situationsskizzen. Von Graf
Carl v. Klinckowstroem

XIII. Jan Guzik. Von Graf Carl. v. Klinckowstroem. S. 456–
XVI. Maria Silbert. Von Graf Carl v. Klinckowstroem. S. 482–
Rez: *Zeitschrift für kritischen Okkultismus* 1.1925/26, 155–157 (Albert Hellwig)

628 *Zeitschrift für kritischen Okkultismus und Grenzfragen des Seelenlebens*. Mit Unterstützung von Dr. E. Bohn, Breslau; Dr. A. Hellwig, Potsdam, Graf Carl v. Klinckowstroem, München; Graf Perovsky-Petrovo-Solovovo, Brüssel herausgegeben von Dr. R. Baerwald, Berlin. 1–3.
Stuttgart: Ferdinand Enke 1925–1928

629 Mediumistisches. Von Houdini, Slade, Weiß und anderen Dingen. Von Graf C. von Klinckowstroem, München.
Zeitschrift für kritischen Okkultismus 1.1925/26, 48–53

630 [Rez.] Proceedings of the Society for Psychical Research. London 1924.
Zeitschrift für kritischen Okkultismus 1.1925/26, 71–73
Graf Carl v. Klinckowstroem

631 [Rez.] Journal of the Society for Psychical Research. London. Bd. 21.1924.
Zeitschrift für kritischen Okkultismus 1.1925/26, 73
Graf Carl v. Klinckowstroem

632 [Rez.] Houdini, Harry: A magician among the spirits. New York, London: Harper 1924. XIX, 294 S. Mit 25 Abb.

Zeitschrift für kritischen Okkultismus 1.1925/26, 78–79
Graf Carl v. Klinckowstroem

633 [Rez.] Fournier d'Albe, E. E.: The life of Sir William
Crookes. London: T. Fisher Unwin (1923). XIX, 413 S.
Mit 4 Portr. u. 1 Abb. im Text.
Zeitschrift für kritischen Okkultismus 1.1925/26, 79–80
Graf Carl v. Klinckowstroem

634 Glossen zur Entlarvung Guziks in Krakau. Von Graf Carl v.
Klinckowstroem, München.
Zeitschrift für kritischen Okkultismus 1.1925/26, 125–131

635 Offener Brief an Herrn Dr. R. Baerwald.
Zeitschrift für kritischen Okkultismus 1.1925/26, 146
München, den 2. Oktober 1925. Graf Klinckowstroem

636 [Rez.] Proceedings of the Society for Psychical Research.
1925.
Zeitschrift für kritischen Okkultismus 1.1925/26, 146–149
Graf Klinckowstroem

637 [Rez.] Rudolf Tischner: Geschichte der okkultistischen
(metaphysischen) Forschung von der Antike bis zur Gegenwart. II. Teil: Von der Mitte des 19. Jahrhunderts bis
zur Gegenwart. Pfullingen: Johannes Baum 1924. 371 S.
gr.8°
Zeitschrift für kritischen Okkultismus 1.1925/26, 150–153
Graf Carl v. Klinckowstroem

638 [Rez.] Schröder, Christoph: Pseudo-Entlarvungen. Ein kritischer Beitrag zur «Medien»-Entlarvungstaktik. In: Psychische Studien, Okt.–Dez. 1924. Leipzig: O. Mutze 1925.
Zeitschrift für kritischen Okkultismus 1.1925/26, 153–154
Graf Carl v. Klinckowstroem

639 Ein Beitrag zur Geschichte der Telepathie. Von Graf Carl v. Klinckowstroem.
Zeitschrift für kritischen Okkultismus 1.1925/26, 205–217

640 Von Gliedabgüssen in Parraffin[!].
Zeitschrift für kritischen Okkultismus 1.1925/26, 223–224
Graf Klinckowstroem

641 [Rez.] Heuzé, Paul: Où en est la métapsychique. Paris: Gauthier-Villars 1926. 272 S. Mit 31 Abb. im Text.
Zeitschrift für kritischen Okkultismus 1.1925/26, 231–232
Graf Carl v. Klinckowstroem

642 [Rez.] Tischner, Rudolf: Das Medium D. D. Home. Untersuchungen und Beobachtungen (nach Crookes, Butlerow, Varley, Akadakov und Lord Dunraven). Ausgewählt und herausgegeben v. Rudolf Tischner. Leipzig: Oswald Mutze 1925. 163 S. Mit Titelbild von Home und zahlreichen Textfiguren.
Zeitschrift für kritischen Okkultismus 1.1925/26, 232–234
Graf Carl v. Klinckowstroem

643 [Rez.] Revelations of a spirit medium. Facsimile edition with notes, bibliography, glossary and index. By Harry

Price and Eric J. Dingwall. London: Kegan Paul, Trench, Trubner; New York: E. P. Dutton 1922. LXIV, 327 S.
Zeitschrift für kritischen Okkultismus 1.1925/26, 238
Graf Carl v. Klinckowstroem

644 [Rez.] Carl Christian Bry: Verkappte Religionen. 4.–6. Tausend. Gotha, Stuttgart: F. A. Perthes 1925. VIII, 250 S.
Zeitschrift für kritischen Okkultismus 1.1925/26, 238–239
Graf Carl v. Klinckowstroem

645 Ein Beitrag zur Geschichte der Telepathie. Von Graf Carl v. Klinckowstroem. (Schluß).
Zeitschrift für kritischen Okkultismus 1.1925/26, 269–274

646 Okkultistische Wanderanekdoten. Von Graf Carl v. Klinckowstroem.
Zeitschrift für kritischen Okkultismus 1.1925/26, 274–277

647 Bemerkungen zur vorstehender Erwiderung [von A. Frh. v. Schrenck-Notzing] [Zu S. 129]. Von Graf Klinckowstroem.
Zeitschrift für kritischen Okkultismus 1.1925/26, 305
Dazu: Zur Richtigstellung der Bemerkungen des Grafen Klinckowstroem. S. 305, gez.: Dr. A. Freiherr von Schrenck-Notzing

648 Berichtigung [zur Houdini-Besprechung].
Zeitschrift für kritischen Okkultismus 1.1925/26, 306
v. Klinckowstroem

649 [Rez.] Proceedings of the Society for Psychical Research. 1925/26.

Zeitschrift für kritischen Okkultismus 1.1925/26, 306–310
Graf Carl v. Klinckowstroem

650 [Rez.] Blacher, Karl: Das Okkulte von der Naturwissen-
schaft aus betrachtet. Wiener Parapsychische Bibliothek.
H.7. (Die Okkulte Welt. Nr 120-121.) Pfullingen: Johannes
Baum (1925). 62 S.
Zeitschrift für kritischen Okkultismus 1.1925/26, 313–314
Graf Carl v. Klinckowstroem

651 [Rez.] Danzel, Th. W.: Magie und Geheimwissenschaft in
ihrer Bedeutung für Kultur und Kulturgeschichte. Mit 1
Taf. und 37 Abb. Stuttgart: Strecker und Schröder 1924.
XII, 213 S.
Zeitschrift für kritischen Okkultismus 1.1925/26, 316
Kl.

1926

652 Julius Konrad von Yelin. Zu seinem hundertsten Todestage
am 19. Januar 1926. Von Graf Carl v. Klinckowstroem.
*Mitteilungen zur Geschichte der Medizin und der Natur-
wissenschaften* 25. 1926, 68–69

653 Johann Wilhelm Ritter zu seinem 150. Geburtstage.
*Mitteilungen zur Geschichte der Medizin und der Natur-
wissenschaften* 25. 1926, 198–201
Graf Carl v. Klinckowstroem

654 Georg v. Rechenbach [*1771]. Von Graf Carl v. Klinckowstroem.
Illustrierte Technik für Jedermann 4.1926:28, S. 318

655 Bourne's «perspective glass».
Mitteilungen zur Geschichte der Medizin und der Natur-
wissenschaften 25. 1926, 289-190
Graf Carl v. Klinckowstroem

656 [Rez.] Feldhaus, Franz M.: Ruhmesblätter der Technik.
Leipzig: Brandstetter 1924–26.
Mitteilungen zur Geschichte der Medizin und der Natur-
wissenschaften 25. 1926, 300–301
Graf Carl v. Klinckowstroem

657 Medizinhistorisches an entlegener Stelle.
Mitteilungen zur Geschichte der Medizin und der Natur-
wissenschaften 25. 1926, 341
Graf Klinckowstroem

658 Nachträge zum Deutschen Anonymen-Lexikon. Mitgeteilt
von Carl Graf von Klinckowstroem.
Bücherstube 5.1926, 93–95

659 Calvisius Sabinus [?85–28 v. Chr.].
Bücherstube 5.1926, 130–131
Kl.

660 Antiqua oder Fraktur?
Bücherstube 5.1926, 132
Kl.

661 Doppeldrucke.
Bücherstube 5.1926, 136–137
Graf Klinckowstroem

662 Die Plane Napoleon's.
Bücherstube 5.1926, 137–138
Kl.

663 Rechtschreibung.
Bücherstube 5.1926, 227
Kl.

664 Practischer Beytrag zu den topographischen Vermessungen.
Bücherstube 5.1926, 232
Kl.

665 Vermischte Schriften von Abraham Gotthelf Kästner. 1. Teil.
Bücherstube 5.1926, 233
Kl.

666 Referat: Zur Klärung der Wünschelrutenfrage – [Kl. im *Bund*.]
Der Installateur. Schweizerisches Centralorgan für das gesamte Installationswesen 25.1926:30, S. 281

667 Über den physikalischen Mediumismus. I. Ein paar Bemerkungen zum «Siebenmännerbuch». Von Graf Carl v. Klinckowstroem.
Zeitschrift für kritischen Okkultismus 2.1926/27, 41–51

668 Notiz.
Zeitschrift für kritischen Okkultismus 2.1926/27, 72–73
Graf Klinckowstroem

669 Bemerkungen zu obigen [S. 74–75] Ausführungen[1] Dr. v. Schrenck-Notzings.
Zeitschrift für kritischen Okkultismus 2.1926/27, 75–76
Graf Klinckowstroem

670 [Rez.] Rudolf Mewes: Kriegs- und Geistesperioden im Völkerleben und Verkündigung des nächsten Weltkrieges. Mit Abbildungen, Diagrammen und Tafeln. Dritte und vierte erweiterte Auflage. Leipzig: Max Altmann 1923. XV, 672 S. 8°
Zeitschrift für kritischen Okkultismus 2.1926/27, 82–83
Graf Klinckowstroem

671 [Rez.] Dr. Christian Bruhn: Gelehrte in Hypnose. Zur Psychologie der Überzeugung und Traumdenkens. Hamburg: Parus 1926. 96 S. 8°
Zeitschrift für kritischen Okkultismus 2.1926/27, 85–86
Graf Carl v. Klinckowstroem

672 Rund um Nostradamus. Von Graf Carl v. Klinckowstroem, München. Mit 2 Abbildungen.
Zeitschrift für kritischen Okkultismus 2.1926/27, 89–104

673 Mein okkultistischer Lebenslauf. Bekenntnisse. Von Carl Graf v. Klinckowstroem.
Zeitschrift für kritischen Okkultismus 2.1926/1927, 104–106

---

1 Eine weitere Entgegnung an den Grafen Klinckowstroem.

674 [Rez.] Proceedings of the Society for Psychical Research.
Vol. 36, part 98, June 1926, S. 79–155: A report on a series
of sittings with the medium Margery. By E. J. Dingwall.
Zeitschrift für kritischen Okkultismus 2.1926/27, 147–150
Graf Carl v. Klinckowstroem

675 [Rez.] Journal of the American Society for Psychical Re-
search. Vol. 20. 1926.
Zeitschrift für kritischen Okkultismus 2.1926/27, 150–153
Graf Carl v. Klinckowstroem

676 [Rez.] Wilhelm Erman: Der tierische Magnetismus in
Preußen vor und nach den Freiheitskriegen. Aktenmäßig
dargestellt. München, Berlin: R. Oldenbourg 1925. VIII,
124 S. (Historische Zeitschrift. Beiheft 4.)
Zeitschrift für kritischen Okkultismus 2.1926/27, 157–160
Graf Carl v. Klinckowstroem

677 [Rez.] Bradley, H. Dennis: Den Sternen entgegen. Aus
dem Englischen übersetzt von Emmy Benvenisti. Berlin,
Leipzig: Union Dt. Verlagsges. 1926. XII, 328 S.
Zeitschrift für kritischen Okkultismus 2.1926/27, 161–163
Graf Carl v. Klinckowstroem

678 [Rez.] W. v. Gulat-Wellenburg: Okkultismus, eine psy-
chiatrische Angelegenheit? Der Querschnitt 6.1926, 657–
663.
Zeitschrift für kritischen Okkultismus 2.1926/27, 165–167
Graf Carl v. Klinckowstroem

679 Wissenschaft und Fakirismus. Von Carl Graf v. Klinckowstroem. Mit 1 Abbildung.
Zeitschrift für kritischen Okkultismus 2.1926/27, 199–203

680 Von Gliedabgüssen in Paraffin. Mit 1 Abbildung.
Zeitschrift für kritischen Okkultismus 2.1926/27, 232–233
Graf Carl v. Klinckowstroem

681 [Rez.] Proceedings of the Society for Psychical Research
(1926).
Zeitschrift für kritischen Okkultismus 2.1926/27, 235–238
Graf Carl v. Klinckowstroem

682 [Rez.] The British Journal of Psychical Research.
Zeitschrift für kritischen Okkultismus 2.1926/27, 238–239
Graf Carl v. Klinckowstroem

683 [Rez.] Walter Franklin Prince: A review of the Margery
case. The American Journal of Psychology 37.1926, 431–
441.
Zeitschrift für kritischen Okkultismus 2.1926/27, 244–245
Graf Carl v. Klinckowstroem

684 [Rez.] Paul Heuzé: Fakirs, Fumistes & Cie. Paris: Les Edi-
tions de France 1926. V, 211 S. kl.8° Mit Titelbild: Heuzé
als Fakir.
Zeitschrift für kritischen Okkultismus 2.1926/27, 245–246
Graf Carl v. Klinckowstroem

685 Der Hellseher Bert Reese. Von Graf Carl v. Klinckow-
    stroem.
    Zeitschrift für kritischen Okkultismus 2.1926/27, 275–282
    Dazu: Ein Nachtrag zum Aufsatz des Herrn Grafen v.
    Klinckowstroem. Von E. J. Dingwall, London. S. 282–284

686 Das Lebendigbegraben der Fakire. Ein Nachwort von Graf
    Carl v. Klinckowstroem.
    Zeitschrift für kritischen Okkultismus 2.1926/27, 285–287

687 Zum Fall Zugun.
    Zeitschrift für kritischen Okkultismus 2.1926/27, 311–313
    April 1927. Graf Carl v. Klinckowstroem

688 [Rez.] The Boston Society for Psychical Research.
    Zeitschrift für kritischen Okkultismus 2.1926/27, 315–316
    Graf Carl v. Klinckowstroem

689 [Rez.] Journal of Abnormal and Social Psychology 21.
    1927.
    Zeitschrift für kritischen Okkultismus 2.1926/27, 316–317
    Graf Carl v. Klinckowstroem

690 [Rez.] Wissen und Fortschritt 1927.
    Zeitschrift für kritischen Okkultismus 2.1926/27, 317
    Graf Carl v. Klinckowstroem

691 [Rez.] Barrett, Sir William; Theodore Besterman: The
    divining rod as experimental and psychological investig-
    ation. With 12 plates and 62 other illustrations. London:
    Methuen & Co. 1926. XXIII, 336 S.

Zeitschrift für kritischen Okkultismus 2.1926/27, 320–322
Graf Carl v. Klinckowstroem

692 [Rez.] Lambert, Rudolf: Die okkulten Tatsachen und die neusten Medienentlarvungen. Eine Entgegnung auf die letzten Vorstöße der Verächter der Parapsychologie. Stuttgart, Berlin, Leipzig: Union Deutsche Verlagsgesellschaft 1925. 97 S.
Zeitschrift für kritischen Okkultismus 2.1926/27, 322–323
Graf Carl v. Klinckowstroem

693 [Rez.] Seitz, Anton: Illusion des Spiritismus. München: Franz A. Pfeiffer 1927. 222 S. (Okkultismus, Wissenschaft und Religion 2.)
Zeitschrift für kritischen Okkultismus 2.1926/27, 323
Graf Carl v. Klinckowstroem

694 [Rez.] Wöllner, Dr. Christian [pseud.]: Das Mysterium des Nostradamus. Leipzig, Dresden: Astra-Verlag H. Timm 1926. 151 S., 2 Beil.
Zeitschrift für kritischen Okkultismus 2.1926/27, 323–324
Graf Carl v. Klinckowstroem

695 Falsche Entdecker.
Die Umschau 30.1926, 1001
Graf Carl v. Klinckowstroem
[Über Georg Philipp Harsdörffer und Athanasius Kircher.]

696 Wer ist der Erfinder des Telephons?
Illustrierte Technik für Jedermann 1926:29, unpag.
Graf Carl v. Klinckowstroem

697 Spiritismus in Amerika. Von Graf Karl v. Klinckowstroem.
Neues Wiener Journal Nr 11813 v. 10. Okt. 1926, S. 20

698 Zur Klärung der Wünschelrutenfrage. Von Graf Karl v.
Klinckowstroem.
Tägliche Rundschau 8.9.1926

699 Die Entschleierung der Zukunft. Von Graf Karl von
Klinckowstroem
Neues Wiener Journal Nr 11777 v. 4. Sept. 1926, S. 5–6

700 «Fakirismus». Von Graf Carl v. Klinckowstroem.
Leipziger Neueste Nachrichten Nr 234 v. 25. Aug. 1926, S.
25

701 [Rez.] Okkultismus und Spiritismus und ihre weltanschau-
lichen Folgerungen. Von Dr. Richard Baerwald. Berlin:
Deutsche Buch-Gemeinschaft 404 S., 1 Bl. Reg. 8°
Die Umschau 1926, Nr 29
Graf Klinckowstroem

702 Falsche Automaten. Von Graf Karl v. Klinckowstroem.
Kölnische Zeitung, Beilage zu Nr 357 v. 15. Mai 1926
(Literatur- u. Unterhaltungsblatt)

1927
703 Mediumismus und Taschenspiel.
Die Umschau 31.1927, 255
Graf Klinckowstroem

704 Das Geheimnis des Braunauer Mediennestes enthüllt.
Die Umschau 31.1927, 715
Graf Klinckowström

705 Glossen zum Metapsychischen Kongreß in Paris.
Die Umschau 31.1927, 1018–1020
Graf Carl v. Klinckowstroem
Dazu: A. v. Schrenck-Notzing in Umschau 32.1928, 198–199
Dazu: Schlußwort, 199, gez.:
Graf Carl v. Klinckowstroem

706 Zur Geschichte der Pseudotelepathie von Graf Carl v. Klinckowstroem.
Stuttgart: Enke [1927], S. 9–20
Aus: *Zeitschrift für kritischen Okkultismus* 3. 1928; vgl. Nr. 764.

707 Ein Beitrag zur Geschichte der Telepathie von Graf Carl v. Klinckowstroem.
Stuttgart: Enke, [1927], S. 205–217
Aus: *Zeitschrift für kritischen Okkultismus* 1.1926/27; vgl. Nr. 639.

708 Glossen zur Entlarvung Guziks in Krakau von Graf Carl v. Klinckowstroem.
Stuttgart: Enke, [1927], S. 125–131
Aus: *Zeitschrift für kritischen Okkultismus* 1.1926/27; vgl. Nr. 634.

709 [Rez.] Lehmann, Alfred: Aberglaube und Zauberei, von den ältesten Zeiten bis in die Gegenwart, Dritte deutsche Auflage, nach der zweiten umgearbeiteten dänischen Auflage übersetzt und nach dem Tode des Verfassers bis in die Neuzeit ergänzt von Dr. med. D. Petersen. Stuttgart: F. Enke 1925. XVI, 752 S.
Isis 9.1927, 142–143
Graf Carl v. Klinckowstroem

710 [Rez.] Franz M. Feldhaus: Ruhmesblätter der Technik. Von den Urerfindungen bis zur Gegenwart. Zweite vermehrte und verbesserte Auflage. 2 Teile in 1 Bd. Leipzig: Friedrich Brandstetter 1924–26. XI, 292, 310 S., 420 Abb.
Isis 9.1927, 378–380
Graf Carl v. Klinckowstroem

711 Handwerk, Bayerisches.
Geschichtsblätter f. Technik u. Industrie 11.1927, 37–38
Kl.

712 Segelflug.
Geschichtsblätter f. Technik u. Industrie 11.1927, 44
Kl.

713 [Rez.] F. Paul Liesegang: Die Erfindung des Kalklichtes und seine erste Anwendung im Bildwerfer vor 100 Jahren. In: Licht und Lampe Heft 8, 9. April 1925, S. 265–267.
Geschichtsblätter f. Technik u. Industrie 11.1927, 49
Kl.

714 Hutmacherei.
Geschichtsblätter f. Technik u. Industrie 11.1927, 52
Kl.

715 Giftige Tapeten.
Geschichtsblätter f. Technik u. Industrie 11.1927, 52
Kl.

716 Jugendschriften.
Geschichtsblätter f. Technik u. Industrie 11.1927, 54
Kl.

717 [Rez.] Ernst Darmstaedter: Georg Agricola, 1494–1555.
Leben und Werk. Mit 12 Abbildungen. München: Verlag
der Münchener Drucke 1926. 96 S. Münchener Beiträge
zur Geschichte und Literatur der Naturwissenschaften und
Medizin 1.)
Geschichtsblätter f. Technik u. Industrie 11.1927, 61
Kl.

718 Ludwig Darmstaedter.
Geschichtsblätter f. Technik u. Industrie 11.1927, 62–63

719 [Rez.] F. M. Jaeger: Cornelis Drebbel en zijne tijdgenooten.
Groningen: P. Noordhoff 1922. 138 S., 16 Abb.
Geschichtsblätter f. Technik u. Industrie 11.1927, 63
Kl.

720 Instrumentensammlung [Frage].
Geschichtsblätter f. Technik u. Industrie 11.1927, 69
Kl.

721 Miniaturuhren.
Geschichtsblätter f. Technik u. Industrie 11.1927, 70
Kl.

722 Sprechmaschine.
*Geschichtsblätter f. Technik u. Industrie.*1927, 72
Kl.

723 Schönfeld und sein technologisches Museum in Wien. Von
Graf Carl von Klinckowstroem.
Geschichtsblätter f. Technik u. Industrie 11.1927, 96–101

724 Luftfahrt.
Geschichtsblätter f. Technik u. Industrie 11.1927, 116
Kl.

725 Sonnenkraftmaschinen.
Geschichtsblätter f. Technik u. Industrie 11.1927, 120
Kl.

726 Technik und Seele.
Geschichtsblätter f. Technik u. Industrie 11.1927, 128–129
Kl.

727 Antiquariatskataloge.
Geschichtsblätter f. Technik u. Industrie 11.1927, 129–130
Kl.

728 Erste deutsche Gewerbeausstellung.
Geschichtsblätter f. Technik u. Industrie 11.1927, 156
Kl.

729 Julius Konrad von Yelin.
Geschichtsblätter f. Technik u. Industrie 11.1927, 157–158
Kl.

730 Papier.
Geschichtsblätter f. Technik u. Industrie 11.1927, 158
Kl.

731 Nationale Erfindungen.
Geschichtsblätter f. Technik u. Industrie 11.1927, 196–197
Kl.

732 Luftfahrt.
Geschichtsblätter f. Technik u. Industrie 11.1927, 214
Kl.

733 Färberei.
Geschichtsblätter f. Technik u. Industrie 11.1927, 221
Kl.

734 [Schachmaschine.]
Geschichtsblätter f. Technik u. Industrie 11.1927, 229
Kl.

735 Lurzspiel.
Geschichtsblätter f. Technik u. Industrie 11.1927, 233
Kl.

736 Leibniz' Exzerpierschrank.
Geschichtsblätter f. Technik u. Industrie 11.1927, 234
Kl.

737 Die Geschichte der Mundharmonika.
Geschichtsblätter f. Technik u. Industrie 11.1927, 234–236
Kl.

738 Bibliotheksbeleuchtung.
Geschichtsblätter f. Technik u. Industrie 11.1927, 292–293
Kl.

739 Glas.
Geschichtsblätter f. Technik u. Industrie 11.1927, 316
Kl.

740 Der Neu-Humanismus. Von George Sarton. Gekürzte auto-
risierte Übersetzung von Graf Carl Klinckowstroem.
*Archiv für Geschichte der Mathematik, der Naturwissen-
schaften und der Technik* 1927, 8–36.

741 Nachruf Robert Weyrauch.
In: *Schriften des Verbands zur Klärung der Wünschelru-
tenfrage* 10. Stuttgart: Wittwer 1927. 2 S. Unpag.
Graf Klinckowstroem

742 [Rez.] Barrett, Sir William; Theodore Besterman: The
divining rod as experimental and psychological investig-
ation. With 12 plates and 62 other illustrations. London:
Methuen 1926.
*Schriften des Verbands zur Klärung der Wünschelruten-
frage* 10. Stuttgart: Wittwer 1927, 39–40
Graf Carl v. Klinckowstroem

743 Geschichten von alten Zauberkünstlern. Von Graf Carl v. Klinckowstroem.
Die Dame [Berlin] 1927/28:25, S. 54–58

744 An der Grenze des Wissens: Okkultismus / Carl von Klinckowstroem.
Quelle des Wissens. Eine deutsche Volkshochschule in vier Bänden 3. [Berlin: Eigenbrödler] [1927], 300–319

745 Eleonora und der «Teufel Draku». Aus der «vierten Dimension». Von Graf Carl von Klinckowstroem (München).
Münchener Neueste Nachrichten Nr 67 v. 9. März 1927, S. 3

746 Die Krise im Okkultismus. Von Graf Carl v. Klinckowstroem, München.
Didaskalia. Wöchentliche Beilage der Frankfurter Nachrichten Nr 40 v. 2. Okt. 1927, S. 177–178
Kölnische Zeitung Nr 620 v. 20. Sept. 1927 (Literatur- und Unterhaltungsblatt)

747 Krise im Okkultismus. Betrügerische Medien. Von Graf Carl v. Klinckowstroem.
Süddeutsche Sonntagspost Nr 38 v. 1927, S. 12

748 Alessandro Volta. Zu seinem 100. Todestag am 5. März 1927.
Fortschritte der Technik. Beilage der Münchener Neueste Nachrichten Nr 11 v. 13. März 1927

749 Vom Blitzableiter. Von Graf Carl v. Klinckowstroem.
Fortschritte der Technik. Beilage der Münchener Neueste
Nachrichten Nr 26 v. 26. Juni 1927, S. 103

750 Von den Sprachfegern. Von Graf Carl v. Klinckowstroem.
Hamburger Fremdenblatt Nr 99 v. 10. 4. 1927, S. 2
Magdeburgische Zeitung Nr 44 v. 31. Aug. 1927, S. 2
2. Beiblatt der *Frankfurter Nachrichten* Nr 184 v. 6. Juli
1927

751 Technischer Schwindel. Falsche Automaten. Von Graf
Carl v. Klinckowstroem.
Neue Preußische (Kreuz-) Zeitung Nr 12 v. 8.1.1927

752 Entlarvung berühmter Medien. Die Krise im Okkultismus.
Vom Grafen Karl Klinckowstroem.
1. Beil. zum *General-Anzeiger für Elberfeld-Barmen* Nr
260 v. 5. Nov. 1927

753 Patience Worth. Ein dichterisches Phänomen aus dem Jenseits. Von Graf Carl v. Klinckowstroem
Hamburger Fremdenblatt Nr 268 v. 28. Sept. 1927, S. 1.

754 Der Fall Zugun im Lichte der Beobachtungspsychologie.
Von Graf Karl v. Klinckowstroem.
Kölnische Zeitung Nr 172 v. 6. März 1927, S. 2

755 Ein geheimer Sinn im Hexen-Einmaleins des «Faust»?
Deutungsversuche und Erklärung. Von Graf Carl v. Klinckowstroem.

Unterhaltungsbeilage der *Neuen Preußischen (Kreuz-) Zeitung* Nr 439 v. 17.9.1927

756 Entlarvte Fakire. Das meiste ist Trick. Von Graf Karl von Klinckowstroem.
N [Nationalzeitung?] 4. Nov.1927

1928

757 Konrad Kyeser. Vortrag mit Lichtbildern, gehalten am 10. Juli 1928 von Graf Carl von Klinckowstroem (Mit 1 Tafel).
Waldenburger Schriften 8.1928, 115–121

758 Die Krise im Okkultismus / Graf Carl v. Klinckowstroem, München.
Berlin: Nornen-Verl., 1928. 11 S.
Aus: Die *Medizinische Welt* 2.1928:50, S. 1869–1872

759 [Rez.] Edgar Dacqué: Natur und Seele. Ein Beitrag zur magischen Weltlehre. München, Berlin: R. Oldenbourg 1926. 200 S.
Isis 10.1928, 95–98
(München) Graf Carl v. Klinckowstroem

760 Geschichte der Wissenschaften. Von Graf Carl v. Klinckowstroem.
Unsere Welt 20.1928, 134–137

761 Träume auf Bestellung.
Die Umschau 32.1928, 283–284
Graf Carl v. Klinckowstroem

762 Parallelen vom alten und vom neueren Okkultismus. Von
Carl Graf v. Klinckowstroem. Okkultistische Polemik.
Psychologie und Medizin 3.1928, 54–64

763 Der okkultistische Komplex. Parallelen aus älterer und
neuerer Zeit. Von Carl Graf v. Klinckowstroem, München.
Psychologie und Medizin 2.1927, 304-315

764 Zur Geschichte der Pseudotelepathie. Von Graf Carl v.
Klinckowstroem.
Zeitschrift für kritischen Okkultismus 3.1928, 9–20

765 Carlos Mirabelli.
Zeitschrift für kritischen Okkultismus 3.1928, 66–67
Graf Carl v. Klinckowstroem

766 Namenlose Betrüger.
Zeitschrift für kritischen Okkultismus 3.1928, 73–74
Graf Carl v. Klinckowstroem

767 [Rez.] Psyche [Vierteljahresschrift, London].
Zeitschrift für kritischen Okkultismus 3.1928, 75–83
Carl Graf v. Klinckowstroem

768 [Rez.] Dr. med. Reinh. Müller: Über sog. Yogawunder.
Mit 3 Abb. In: Der Erdball. Berlin. 1.1926, 81–90.
Zeitschrift für kritischen Okkultismus 3.1928, 86
Graf Carl v. Klinckowstroem

769 [Rez.] Hugo Dingler: Der Zusammenbruch der Wissen-
schaft und der Primat der Philosophie. München: Ernst
Reinhardt 1926. 400 S. gr.8°
Zeitschrift für kritischen Okkultismus 3.1928, 87
Graf Carl v. Klinckowstroem

770 Der Fall Schneider. A. Neues von den Medien Willy und
Rudi Schneider. Von Graf Carl v. Klinckowstroem.
Zeitschrift für kritischen Okkultismus 3.1928, 89–93

771 Die Erfahrungen von Dr. Walter Franklin Prince mit dem
Medium Rudi Schneider. Aus dem Manuskript des Origi-
nalberichtes im Auszug mitgeteilt. Von Graf Carl v. Klinckowstroem.
Zeitschrift für kritischen Okkultismus 3.1928, 96–108

772 Der Fall von Madame Bisson. Von Graf Carl v. Klinckowstroem.
Zeitschrift für kritischen Okkultismus 3.1928, 111–114

773 H. Dennis Bradley und das heutige Medium Mrs. Baylis.
Zeitschrift für kritischen Okkultismus 3.1928, 159–160
Kl.

774 Stigmatisation und Fakirismus.
Zeitschrift für kritischen Okkultismus 3.1928, 160–161
Kl.

775 Houdini-Legenden.
Zeitschrift für kritischen Okkultismus 3.1928, 161–162
Graf Carl v. Klinckowstroem

776 Zum Fall Kraus.
Zeitschrift für kritischen Okkultismus 3.1928, 162–163
Graf Klinckowstroem

777 Okkultistische Logik.
Zeitschrift für kritischen Okkultismus 3.1928, 163
Kl.

778 Die Warnung des Toten.
Zeitschrift für kritischen Okkultismus 3.1928, 163–165
Graf Klinckowstroem

779 Über den physikalischen Mediumismus.
Zeitschrift für kritischen Okkultismus 3.1928, 165–166
Graf Carl v. Klinckowstroem

780 [Rez.] Proceedings of the Society for Psychical Research.
36.1927.
Zeitschrift für kritischen Okkultismus 3.1928, 166–167
Graf Klinckowstroem

781 [Rez.] Dingwall, Eric J.: How to go to a medium. Fore-
word by Maurice B. Wright. London: Kegan Paul, Trench,
Trubner & Co. 1927. XIV,98 S. kl.8°
Zeitschrift für kritischen Okkultismus 3.1928, 174
Graf Klinckowstroem

782 [Rez.] Frau M. Weynants-Ronday: Les statues vivantes.
Introduction à l'étude des statues égyptiennes. Preface de
Jean Capart. Bruxelles: Fondation Egyptologique Reine
Elisabeth 1926. XI, 203 S. gr.8°

Zeitschrift für kritischen Okkultismus 3.1928, 175–176
Graf Klinckowstroem

783 [Rez.] The case for and against psychical belief. Ed. by
Carl Murchison. Worcester, Mass.: Clark Univ. 1927. 265
S., 9 Abb. auf Taf., 4 Abb. im Text. gr.8°
Zeitschrift für kritischen Okkultismus 3.1928, 177–179
Graf C. v. Klinckowstroem

784 [Rez.] P. Winfried Ellerhorst, O.S.B.: Die Wahrheit des
Spiritismus. Nach dem Englischen. Mit 7 Bildern. Stuttgart,
Ravensburg: Verlags- u. Druckerei-Ges. 1926. XII, 189 S.
8°
Zeitschrift für kritischen Okkultismus 3.1928, 179
Graf C. v. Klinckowstroem

785 [Rez.] Colin de Larmor: Les merveilleux quatrains de No-
stradamus, médecin-astrologue des rois Henri II, Charles
IX et Henri III. Interprétés par Me Colin de Larmor.
Nantes: Dupas 1925. 352 S. 8°
Zeitschrift für kritischen Okkultismus 3.1928, 180
Graf Carl v. Klinckowstroem

786 «Das Rätsel der Telekinese.» Von Graf Carl v. Klinckowstroem.
Unsere Welt 20.1928, 181–182

787 Der Fall Eva C. – Mad. Bisson. Von Graf Carl v. Klinckowstroem.
Unsere Welt 20.1928, 215–216

788 Um das Medium Rudi Schneider. Von Graf Klinckowstroem, München.
Unsere Welt 20.1928, 239–240

789 «Telekinese.»
Unsere Welt 20.1928, 281–282
Graf Carl v. Klinckowstroem

790 Der gegenwärtige Stand der okkultistischen Forschung.
Von Graf Carl v. Klinckowstroem.
Unsere Welt 20.1928, 370–371

791 Schlußwort.
Unsere Welt 20.1928, 374
Graf Klinckowstroem
Zu: Zum Streit um die Telekinese. Von H. Tiefenbrunner.
Ebda, 372–373

792 Schlußwort [Zu Die Glossen des Grafen Klinckowstroem
zu dem Metapsychischen Kongreß in Paris. Von Dr. med.
A. Freiherrn v. Schrenck-Notzing, 198–99]
Die Umschau 32.1928, 199
Graf Carl v. Klinckowstroem

793 Träume auf Bestellung.
Die Umschau 32.1928, 283–284
Graf Carl v. Klinckowstroem

794 Der gegenwärtige Stand der okkultistischen Forschung.
Von Graf Karl v. Klinckowstroem.
Der Sammler Nr 235 v. 28. Okt. 1928, S. 1

795 Experimentelle Telepathie. Von Graf Carl von Klinckowstroem.
Aus Kunst und Leben. Neue Badische Landeszeitung Nr
157 v. 15. März 1928

796 Von Konserven und Ersatzstoffen. Antigastronomisch-Hi-
storisches. Von Graf Karl v. Klinckowstroem.
Neues Wiener Journal Nr 12479 v. 19. Aug. 1928, S. 16

797 Der Okkultismus und seine Erforschung. Die Zweifler und
die Gläubigen. Von Graf Karl Klinckowstroem.
Neue Freie Presse Nr 22873 v. 20. Mai 1928, S. 33

798 Fakir-Künste. Von Graf Carl von Klinckowstroem.
Scherl's Magazin 4.1928, 785–792

799 Darf man sich schminken? Eine alte Streitfrage. Von Graf
Klinckowstroem.
Sonntagsblatt der *Königsberger Allgemeinen Zeitung* Nr
521 v. 4. Nov. 1928, 6. Beil.

800 [Zu: Was bedeutet uns der Begriff des Romantischen? Dis-
kussion am 13. und 15. Juli 1928]
Graf Carl v. Klinckowstroem: Noch ein Epilog.
Waldenburger Schriften 1928, 162-165

1929

801 Zur Geschichte und Psychologie der Taschenspielkunst:
Vortrag gehalten am 17. Juli 1929 von Graf Carl v. Klin-
ckowstroem.
Waldenburger Schriften H. 9 [1929], 74–95

802 *Zur Geschichte und Psychologie der Taschenspielkunst.*
Vortrag von Graf Carl von Klinckowstroem gehalten in
München am 23. Nov. 1929.
[München: Magischer Zirkel] 1929. 8 S.
(Sonderbeilage der Magie.)

803 Kehrt das Korsett wieder?
Die Deutsche Erde [Berlin] 1929/30, 20. Sept., S. 181
Graf Klinckowstroem

804 Dr. Prince und das Medium Guzik. Von Graf Carl v. Klinckowstroem.
Die Umschau 33.1929, 615–616

805 Taschenspieler und Medien. Wunder der modernen Magie.
Neue Badische Landeszeitung Nr 76 v. 11. Febr. 1929, S. 5
Graf Carl v. Klinckowstroem

806 Tricks der Medien.
Münchner Telegramm-Zeitung und Sport-Telegraf Nr 62 v.
2. April 1929, S. 5
Kl.

807 Kurze Oktoberfest-Chronik.
Generalanzeiger der Münchner Neuesten Nachrichten Nr
243 v. 7. Sept. 1929
Kl.

808 Von den Geisterbeschwörungen Schrepfers und seiner Kollegen im 18. Jahrhundert. Von Graf Carl v. Klinckowstroem.
Münchner Illustrierte Presse 1929:35, S. 1152–1153

809 Was ist von der Wünschelrute zu halten? Von Graf Carl v. Klinckowstroem.
Der Tag. Unterhaltungs-Rundschau 29. Juni 1929

810 Graf Carl. v. Klinckowstroem: Das Medium Henry Slade.
Königsberger Allgemeine Zeitung Nr 464 v. 3. Okt. 1929, 1 Beibl.

811 Steckt im Hexeneinmaleins in Goethes Faust ein geheimer Sinn. Von Graf Carl v. Klinckowstroem.
Das Echte bleibt der Nachwelt unverloren (Faust I, 73/4).
Festgabe der Braunschweigischen Landeszeitung zum Goethe-Lessing-Jahr 1929 [keine Tagesangabe]

812 Altes und Neues von Konserven.
Münchener Zeitung Nr 358/359 v. 28/29. Dez. 1929, S. 20
K.

1930

813 Taschenspielkunst und Psychologie von Graf Carl von Klinckowstroem.
Velhagen & Klasings Monatshefte 44. Jg., 1. Bd. 1929/1930, [Jan.] S. 541–544

814 Patience Worth. Ein dichterisches Phänomen aus dem
    Jenseits. Von Graf Carl v. Klinckowstroem.
    Unsere Welt 22.1930, 134–137

815 Von der wissenschaftlichen Bedeutung der Taschenspie-
    lerkunst. Von Graf Carl v. Klinckowstroem.
    Unsere Welt 22.1930, 183–185

816 Der Wundermann von Helmstedt. Zum 200sten Geburtstag
    von Gottfried Christoph Beireis. Von Graf Carl v. Klin-
    ckowstroem.
    Unsere Welt 22.1930, 353–357

817 Die Wissenschaft von der Taschenspielerkunst. Von Graf
    Carl v. Klinckowstroem.
    Die Umschau 34.1930, 81–82

818 Ein angeblich prophetischer Traum. Von Graf Carl v. Klin-
    ckowstroem.
    Die Umschau 34.1930, 577–579

819 Mordanschlag unter Juristen. Zur Psychologie der Aussage.
    Von Graf Carl v. Klinckowstroem.
    Berliner Illustrirte [!] Zeitung 39.1930:36, S. 1590–1591

820 Das «Auto-Schiff» von Anno dazumal. Von Graf Klin-
    ckowstroem.
    Peters Union Rundschau 7.1930:45, S. 8–9

821 Von starken Männern. Von Graf Carl v. Klinckowstroem.
    Scherl's Magazin 6.1930, S. 390–395

822 Für Bücher zum Mörder geworden. Auswüchse der Sam-
melleidenschaft.
Neues Wiener Abendblatt Nr 154 v. 5. Juni 1930
Karl v. Klinckowstroem

823 Kluge und gelehrte Tiere. Sonderbare Tiergeschichten.
Unterhaltungs-Blatt der *Berliner Morgenpost* 16. Mai 1930
Kl.

824 Vom Jeu de Paume zum Lawn-Tennis.
NZZ 1217 v. 20. Juni 1930; 1225 v. 21. Juni 1930, Bl. 3
Graf Klinkowstroem [!]

825 Ausnutzung der Sonnenenergie.
NZZ 1617 v. 20. Aug. 1930, Beil. Technik, Nr 21.
Graf Klinckowstroem

826 Okkultistische Kuriosa. Welterlöser, Sektierer und
Geheimkulte. Von Graf Klinckowström (München)
Neue Freie Presse Nr 23473 v. 19. Jan. 1930, S. 35

827 Gehirn-Akrobaten. Gedächtnis-Künstler und Rechen-Ge-
nies.
Berliner Morgenpost 3. Dez. 1930
Berliner Allgemeine Zeitung Nr 294 v. 10. Dez. 1930
Hamburger Fremdenblatt Nr 353 v. 21. Dez. 1930
Münchener Zeitung Nr 309 v. 10. Nov. 1930, S. 4
Breslauer Neueste Nachrichten Nr 324 v. 27. Nov. 1930, S.
2
Graf Karl v. Klinckowstroem

828 Taschenspieler und Gaukler. Hinter den Kulissen der Zaubertricks. Von Graf Karl Klinckowström.
Neue Freie Presse Nr 23681 v. 17. Aug. 1930, S. 25

829 Okkulte Industrie. Von Graf Klinckowstroem.
Deutsche Allgemeine Zeitung Nr 31 v. 19. Jan. 1930, Beibl.

830 Okkultistische Kuriosa. Von Graf Klinckowstroem.
Leipziger Neueste Nachrichten Nr 30 v. 30. Jan. 1930, 1. Beil., S. 5
Hamburger Fremdenblatt Nr 19 v. 19. Jan. 1930, S. 2.
Neue Freie Presse Nr 23473 v. 19. Jan. 1930, S. 35

831 Okkultistische Kuriosa. Ein Nachtrag. Von Carl Graf v. Klinckowstroem.
Hamburger Fremdenblatt 19 v. 19. Jan. 1930, S. 2

832 Die Zukunft der okkultistischen Forschung. Von Graf Karl Klinckowstroem.
Neue Freie Presse Nr 23660 v. 27. Juli 1930, S. 29

833 Zirkusvolk von einst. Von Graf Carl v. Klinckowstroem
Das Unterhaltungs-Blatt. Tägl. Beilage des Wiesbadener Tagblatts. Nr 175 v. 30. Juli 1930, [S. 3]

834 Zauberkunst und Wissenschaft. Von Carl Graf v. Klinckowstroem.
Münchener Neueste Nachrichten Nr 252 v. 18. Sept. 1930, S. 5

835 Athanasius Kirchers Weltraumreise.
NZZ 26.10.1930
Carl von Klinckowstroem

836 Unter falscher Flagge. Von Graf Karl v. Klinckowstroem.
[Schweiz., nicht erm. Ztg.] 2. Aug. 1930 [?]
[Zu Namensgebungen wie «Cartesianischer Taucher»]

837 Merkwürdige Grabschriften. Von Carl v. Klinckowstroem.
NZZ Nr 1508 v. 2. Aug. 1930

838 Von klugen und gelehrten Tieren. Alte Anekdoten. Von
Graf Carl von Klinckowstroem.
Gießener Familienblätter. Unterhaltungsbeilage zum
Gießener Anzeiger Nr 66 v. 29. Aug. 1930

839 Vom Aprilschicken. G. K[linckowstroem].
NZZ Nr 618 v. 1. April 1930, Bl. 2.

840 Der verhexte Bart. Die Geschichte einer Wanderanekdote.
Berliner Morgenpost Nr 167 v. 15. Juli 1931
Klinckowström

841 Etwas von «Aufruhrpredigern». Von Graf Carl v. Klin-
ckowström.
Der Sammler. Unterhaltungs- und Literaturbeilage der
München-Augsburger Abendzeitung 29.1930:118 v. 28.
Okt.

842 Aus der Geschichte der Zündhölzer. Von Graf Carl v. Klinckowstroem.
Hamburger Fremdenblatt Nr 237 v. 27. Aug. 1930, S. 2

843 In den April schicken.
Tempo Nr 77 (1930), 1. Beil.
Graf Klinckowstroem

844 Vom Werden der Musikinstrumente.
Münchener Neueste Nachrichten Nr 74 v. 16. März 1930, S. 18
Graf Klinckowstroem, München

845 Vom Aprilschicken.
General-Anzeiger der MNN Nr 90 v. 2. April 1930
Graf Klinckowstroem

1931

846 [Hrsg.] *Archiv zur Klärung der Wünschelrutenfrage.* Organ des Verbandes zur Klärung der Wünschelrutenfrage e.V. Herausgegeben von Carl Graf von Klinkowstroem [!], Rudolf Freiherr von Maltzahn, Stadtbaurat Dr.-ing. Erwin Marquardt. Bd 1.
München, Berlin: R. Oldenbourg 1931.

847 Zur Einführung.
Archiv zur Klärung der Wünschelrutenfrage 1.1931, 1–2
Die Herausgeber

848 Zeitschriftensammelreferat. Von Graf Carl v. Klinckow-
    stroem.
    Archiv zur Klärung der Wünschelrutenfrage 1.1931, 69–72

849 Der hellsichtige Bürgermeister. Eine okkulte Ente ge-
    schlachtet von Graf Carl. v. Klinckowstroem.
    Die Umschau 35.1931, 711

850 *Handbuch der Wünschelrute. Geschichte, Wissenschaft,
    Anwendung.* Von Carl Graf v. Klinckowstroem und Rudolf
    Freiherr v. Maltzahn: Mit 68 Abb. im Text, 34 Abb. auf
    Kunstdrucktafeln und 2 lithographischen Tafeln im An-
    hang.
    München, Berlin: Oldenbourg 1931. VIII, 321 S. gr.8°
    Teil 1: Geschichte der Wünschelrute. Von Carl Graf von
    Klinckowstroem, S. 1–92

851 Graf Carl v. Klinckowstroem, München: Das Erwachen
    des technischen Denkens. Von den Werkzeugen und Urer-
    findungen des vorgeschichtlichen Menschen.
    Technik und Kultur 22.1931, 175–179
    Erweiterte Wiedergabe eines vor dem Sender Berlin am 21.
    September 1931 gehaltenen Rundfunk-Vortrages.

852 Der Unfug des Mediumismus. Von Carl Graf v. Klinckow-
    stroem.
    Der Querschnitt 11/2.1931, 473–477

853 Ein unbekanntes Heine-Gedicht?
    Bücherhirt 1.1927/31, 15
    Kl.

854 Von wann stammt die Beleuchtung der öffentlichen Biblio-
theken?
Bücherhirt 1.1927/31, 22–23
Kli

855 Der französische Morgenstern.
Bücherhirt 1.1927/31, 26–27
Kl.

856 Neue Ziele der Bibliophilie. Von Graf Carl v. Klinckowstroem
Bücherhirt 1.1927/31, 67–74

857 Meine Kuriosa.
Bücherhirt 1.1927/31, 88–95
Kl.

858 Defektenergänzung.
Bücherhirt 1.1927/31, 139–142
Graf Klinckowstroem

859 Eine wichtige Zeitschriftenbibliographie.
Bücherhirt 1.1927/31, 143–145
Kl.
[Zu Carl Diesch: *Bibliographie der germanistischen Zeit-
schriften*. Leipzig 1927.]

860 Anzeige eines Weinhändlers von ca. 1720.
Bücherhirt 1.1927/31, 150–151
Kl.

861 Von der Reinigung alter Bücher.
     Bücherhirt 1.1927/31, 152–154
     Kl.

862 Bücher- und Zeitersparnis. Ein Rat für Bibliophilen.
     Bücherhirt 1.1927/31, 167
     Kl.

863 Pseudonyma.
     Bücherhirt 1.1927/31, 168–171
     Klinckowstroem

864 Die älteste Eisenbahnlektüre.
     Bücherhirt 1.1927/31, 186
     Dazu: Notiz S. 247
     Kl.

865 Sonderbare Bücherwidmungen.
     Bücherhirt 1.1927/31, 201–204
     Kl.

866 Versiegelte Bücher.
     Bücherhirt 1.1927/31, 205–208
     Kl.

867 Von der alten Wiener Hofbibliothek.
     Bücherhirt 1.1927/31, 216–218
     Kl.

868 Bolliaud-Mermet's «Bibliomanie». Eine bibliographische
     Notiz. [2. Ausg. Paris 1866]

Bücherhirt 1.1927/31, 221–223
Klinckowstroem

869 «Selten und gesucht».
Bücherhirt 1.1927/31, 244
Kl.

870 Die Wünschelrute als physiologisches Phänomen. Von
Graf Carl v. Klinckowstroem.
Unsere Welt 23.1931, 299–300
Die Auslese 1931: Nov., S. 817-819

871 Gehirn-Akrobaten. Von Carl von Klinckowstroem.
Mercedes Rundschau [Berlin] September 1931, IBA Son-
dernummer, S. 12–13

872 Von klugen und gelehrten Tieren. Von Graf Klinckowstroem.
Die Woche 1931: Heft 13, S. VIII–IX

873 Sprache ohne Kehlkopf.
Die Woche 1931: Heft 13, S. IX
Kl.

874 Edelsteine.
Die Bergstadt 19.1931:8, S. 192
K.

875 Miszellen und Anekdoten. Erzählt von Graf Klinckowstroem.
Hamburger Fremdenblatt Nr 139 v. 20. Mai 1931, S. 2

876 Zauberkraft und Literatur. Von Graf Carl v. Klinckowstroem.
Hamburger Fremdenblatt Nr 218 v. 8. Aug. 1931, S. 3

877 Betrüger im Geisterreich. Fortschritte der Medienkontrolle.
Von Graf Carl v. Klinckowstroem.
Neue Freie Presse Nr 24037 v. 15. Aug. 1931, S. 22

878 Literatur und Zauberkunst. Von Graf Carl v. Klinckowstroem.
München-Augsburger Abendzeitung Nr 282 v. 9. Okt. 1931,
1. Beibl., S. 5
Dresdner Nachrichten Nr 343 v. 24. Juli 1931, S. 5
Breslauer Neueste Nachrichten Nr 289 v. 21. Okt. 1931, S.
2

879 Fortschritte der Medienkontrolle. Von Graf Carl v. Klinckowstroem.
Hamburger Fremdenblatt Nr 152 v. 13. Juli 1931, S. 2

880 Zauberkunst und Wissenschaft. Von Carl Graf v. Klin-
ckowstroem.
Der Mittag Nr 233 v. 5. Okt. 1931
Neues Wiener Journal Nr 13617 v. 19. Okt. 1981, S. 4

881 Der Geist hinter dem Strahlen-Vorhang. Selbstentlarvung
eines Mediums. Ein interessantes Experiment in einem
Pariser Institut.
Berliner Illustrierte Nachtausgabe 7. Aug. 1931, 1. Beibl.
[Nicht namentlich gezeichnet.]

882 Zauberei in der Literatur.
NZZ Nr 1680 v. 6. Sept. 1931, Bl. 2.
Carl von Klinckowstroem

883 Der Geist hinter dem Strahlen-Vorhang. Selbstenlarvung
eines Mediums. Von Graf Carl von Klinckowstroem.
Berliner Tageblatt Nr 200 v. 28. Juni 1931

884 Edison und der Zauberkünstler.
*Tägliche Unterhaltungs-Beilage der Magdeburgischen
Zeitung* Nr 582 v. 24. Okt. 1931, S. 14
K.

885 Bühnenhellseher und Pseudotelepathen.Von Graf Carl v.
Klinckowstroem.
Reichspost Nr 148 v. 24. Mai 1931, S. 19
Breslauer Neueste Nachrichten Nr 93 v. 5. April 1931, S. 4

886 Gespenster-Anekdoten. Von Graf Carl von Klinckowstroem.
Breslauer Neueste Nachrichten Nr 79 v. 31. März 1931, S.
3

887 Der Kampf der Fakire.
NZZ Nr 879 v. 10. Mai 1831, Bl. 4
Breslauer Neueste Nachrichten 20. Mai 1931
C. v. Kl.

888 Astronomische Kuriosa. Von Graf Karl von Klinckowstroem.
Kölnische Zeitung Nr 349 v. 30. Juni 1931

Münchener Zeitung Nr 196/197 v. 18/19. Juli 1931, S. 4
NZZ Nr 1401 v. 22. Juli 1931, Bl. 2

889 Die Kunst der Taschenspieler. Plauderei von Graf Carl von
Klinckowstroem.
Bayerische Zeitung Nr 161 v. 7. Juli 1931, S. 3

890 Traumparadies ... Das Verjüngungsbad der Seele.
Berliner Morgenpost Nr 148 v. 23. Juni 1931
Klinkowström [!]

891 Traumparadies. Kleine Plauderei von Graf Klinckowström.
Tägliche Unterhaltungsbeilage der Magdeburgischen Zei-
tung Nr 634 v. 20. Nov. 1931, S. 14

892 Wilkins und das Tauchboot. Von Graf Karl von Klinckow-
stroem.
Kölnische Zeitung Nr 263 v. 16. Mai 1931
Bremer Nachrichten Nr 155 v. 6. Juni 1931, S. 1

893 Bischof Wilkins und das Tauchboot.
Der Wiener Tag 10. Okt. 1931.
Graf Carl v. Klinckowstroem

894 Vom Aprilschicken.
Hamburger Fremdenblatt Nr 90 v. 31. März 1931, S. 1
Kl.

895 Anekdoten.
Hamburger Fremdenblatt Nr 223 v. 13. Aug. 1931, S. 2
Kl.

896 Alte Anekdoten von Büchern.
Die Einkehr. Unterhaltungs-Beilage der Münchener Neueste Nachrichten. 12.1931:32 v. 9. Aug. [S. 4]

897 Neujahrs-Anekdote.
Leipziger Neueste Nachrichten Nr 365 v. 31. Dez. 1931, S. 5
K.

898 Der geschmackvolle Almanach.
Die Heimat. Unterhaltungs-Beilage der Münchener Neueste Nachrichten Nr 45 v. 30. Dez. 1931
Kl.

899 Aufruhrprediger. Von Graf Karl von Klinckowstroem.
Neues Wiener Journal Nr 13335 v. 6. Jan. 1931, S. 12

900 Hundert Jahre Zündholz?
Kraft und Stoff. Beil z. Deutschen Allgemeinen Zeitung Nr 14 v. 9. April 1931
Kl.

1932
901 Wünschelrute, «Krebsadern» und Ähnliches. [Von] Graf Carl v. Klinckowstroem, München.
Die Medizinische Welt 6.1932, 1148–1149

902 Ist eine «antike Kuh» eine «alte Kuh»? Das böse Fremd-
wort – Sinn und Unsinn der Verdeutschung.
Kölnische Illustrierte Zeitung 7.1932:20, S. 493, 495
Kl.

903 Zirkusvolk von einst ... Von Athleten, Akrobaten, Seiltän-
zern und anderen Artisten alter Zeit. Von Graf Carl v.
Klinckowstroem.
Calmon Zeitung [Hamburg] 1932:9, S. 133-134

904 Was ereignete sich in den letzten 2000 Jahren? Kurzer
Kulturspiegel der wichtigsten Begebenheiten, Erfindungen
und Entdeckungen der verflossenen 2000 Jahre Mensch-
heitsgeschichte von Graf Carl v. Klinckowstroem.
Calmon Zeitung [Hamburg] 1932:6, S. 82-93

905 Von der Kultur der alten Germanen.
Calmon Zeitung [Hamburg] 1932:6, S. 94
Graf Carl v. Klinckowstroem

906 Kolportage-Okkultismus. Ein Beitrag zur geistigen Volkshygiene. Von Graf Carl v. Klinckowstroem.
Gesundheitslehrer [Berlin], Ausg. B, H. 10. 2 S. Sonderdruck

907 Achtung! Kopf weg! Kulturhistorische Plauderei von Graf
Carl v. Klinckowstroem.
Leipziger Illustrirte Zeitung Nr 4534 vom 4. Febr. 1932 –
Sonderdruck 2 S.

908 Das Hundertjahres-Jubiläum des Zündholzes. Von Carl Graf v. Klinckowstroem, München.
Forschungen und Fortschritte 8.1932, 402–403

909 Graf Carl v. Klinckowstroem in München: Moloch Maschine.
Technik und Kultur 23.1932, 167–168

910 Moloch Maschine. Von Carl Graf von Klinckowstroem.
DCN 679: 17. Dez. 1932, 1–2
Kraft und Stoff. Beilage zur Deutschen Allgemeinen Zeitung Nr 45 v. 10. Nov. 1932

911 Carl v. Klinckowstroem: Die Bibliographie der Bibliographien. Ein Desideratum.
Zeitschrift für Bücherfreunde III,1.[= NF 24].1932, 83–84

912 [Rez.] Max Dessoir: Vom Jenseits der Seele. Die Geheimwissenschaft in kritischer Beleuchtung. 6. neu bearbeitete Auflage. Stuttgart: Ferdinand Enke 1931. XIV, 562 S., 4 Taf.
Isis 17.1932, 453
Graf Carl v. Klinckowstroem

913 Vom Rechenkünstler Dr. Fred Brauns. Von Graf Carl v. Klinckowstroem.
Die Umschau 36.1932, 61–63
Abdruck: *Der Bosch-Zünder* 14.1932:2, S. 46–47

914 Die Erde eine Hohlkugel. Ein wissenschaftliches Parado-
xon. Von Graf Carl. v. Klinckowstroem.
Die Umschau 36.1932, 663–665

915 Wünschelrute und Krebsadern. Von Carl Graf v. Klin-
ckowstroem.
Die Umschau 36.1932, 885–887
Ärztlicher Wegweiser 8.1932:19, 372–374

916 Der Mann ohne Kopf – Philadelphias Reklame-Trick.
Anekdoten von berühmten Zauberkünstlern.
Kölnische Illustrierte Zeitung 7.1932:27, S. 675–676
K.

917 Mensch und Werkzeug. Von Graf Carl v. Klinckowstroem.
Eine Auseinandersetzung mit Oswald Spengler.
Unsere Welt 24.1932, 101–102

918 Wer hat das europäische Porzellan erfunden? Zum 250.
Geburtstag von Joh. Friedr. Böttger am 4. Februar 1932.
Von Graf Carl v. Klinckowstroem.
Unsere Welt 24.1932, 259–261

919 Ein Goldschatzfund durch angeblichen Hellsehtraum. Eine
neue okkulte Ente. Von Graf Carl v. Klinckowstroem.
Unsere Welt 24.1932, 274–275

920 Wünschelrute, Krebsadern und Todesstrahlen. Von Graf
Carl v. Klinckowstroem.
Pumpen- und Brunnenbau, Bohrtechnik [Berlin] 28. Nr 23:
11. Nov. 1932, S. 711

921 Die älteste Eisenbahnlektüre. Ein zeitgemäßes Urlaubs-
kapitel.
*Stadt-Nachrichten und General-Anzeiger der Münchener
Neueste Nachrichten* Nr 212 v. 6. Aug. 1932
Graf Carl von Klinckowstroem

922 Ein kleines Negerlein.
*Stadt-Nachrichten und General-Anzeiger der Münchener
Neueste Nachrichten* Nr 230 v. 25. Aug. 1932
K.

923 Noch etwas von «Geheim- und Arzneibüchern».
Münchener Neueste Nachrichten [Rubrik:] Frauenzeitung
Nr 32 v. 7. Aug. 1932, S. 12
Graf Carl v. Klinckowstroem

924 Wissenschaft oder Alchimie. Wer erfand das europäische
Porzellan?
Tägliche Unterhaltungsbeilage der Magdeburger Zeitung
Nr 69 v. 5. Febr. 1932
Graf Carl von Klinckowstroem

925 Kurioses vom Porzellan. Zum 250. Geburtstag Joh.
Friedrich Böttgers, Von Graf Carl v. Klinckowstroem.
Breslauer Neueste Nachrichten Nr 32 v. 2. Febr 1932, S.
3–4

926 Der «geschmackvolle» Weihnachtsalmanach.
Magdeburgische Zeitung Nr 668 v. 15. Dez. 1932, S. 5
Kl.

927 Der Traum von den Eisschollen. Von Graf Klinckow-stroem (München).
Die Einkehr. Unterhaltungs-Beilage der Münchener Neueste Nachrichten Nr 14 v. 3. April 1932, S. 54

928 Der Sonnenkönig spielt Tennis. Jeu de Paume, das klassische Ballspiel. Von Graf Carl v. Klinckowstroem.
[*Münchner Illustrierte Presse?*] 22 v. 29. Mai 1932, S. 568

929 Die älteste Reiselektüre. «Humoristisch-satirische Eisenbahn von Laune bis Heiterkeit» Von Graf Carl v. Klinckowstroem.
Dresdner [Nachrichten? oder Neue Presse?] 15. Juni 1932

930 Ein Physiker, ein Alchimist und das europäische Porzellan. Zum 250. Geburtstag Joh. Friedr. Böttgers, geb. 4. Februar 1682.
Der Wiener Tag Nr 3129 v. 4. Febr. 1932, S. 6
Graf Carl v. Klinckowstroem

931 «Unmöglich.» Fehlurteile aus der Geschichte der Technik.
Münchener Neueste Nachrichten Nr 83 v. 26. März 1932, S. 4
Graf Carl v. Klinckowstroem

932 Taschenspieler und Medien. Von Graf Karl v. Klinckowstroem
Deutsches Volksblatt Nr 2220 v. 1. Okt. 1932, S. 15
Breslauer Neueste Nachrichten Nr 196 v. 19. Juli 1932, S. 2

933 Medien, die aus der Schule plaudern. Von Graf Karl Klinckowström.
Neue Freie Presse Nr 24417 v. 4. Sept. 1932, S. 27

934 Anekdoten von Zauberkünstlern.
Zum «Magischen Kongreß» 17. und 18. September in Stuttgart.
Württemberger Zeitung Nr 218 v. 17. Sept. 1932, S. 9

935 «Professor Saldini», der falsche Fakir. Von Graf Klinkowstroem [!].
Bayerische Zeitung Nr 21 v. 24. Jan. 1932, S. 3

936 [Eintrag gelöscht.]

937 Der Brautschleier in der Speiseröhre. Mediale Wiederkäuer. Von Graf Carl von Klinckowström.
Berliner Tageblatt Nr 102 v. 1. März 1932

938 Der Tote und die Grabschändung. Ein okkultes Erlebnis. Von Graf Klinckowstroem.
Neue Freie Presse Nr 24313 v. 22. Mai 1931, S. 33

939 Das entlarvte Medium. Fingerabdrücke aus dem Jenseits. Konfuzius schreibt an Margery. Von Carl Graf von Klinckowstroem.
Berliner Tageblatt Nr 378 v. 11. Aug. 1932, 1. Beibl.

1933

940 Autographenhandel und literarische Nachlässe.
Zeitschrift für Bücherfreunde 1933 (Wandelhalle), 252
Carl Graf v. Klinckowstroem

941 Der Luftballon als Jubilar.
DCN 17.11.1933, 2
Graf Karl v. Klinckowström

942 Kurpfuscherei in alter Zeit.
Münchener medizinische Wochenschrift 80.1933:31, S.
1223
(Mitgeteilt von Carl Graf v. Klinckowstroem)

943 Die Weltgeltung des deutschen Bergmannes. Von Graf
Carl v. Klinckowstroem.
Deutsches Erde 1933: Sept., S. 380–386

944 Von den Tricks der Medien. Vortr., geh. in München am
14. Okt. 1932 / Carl Graf von Klinckowstroem.
Magie, Sonderbeil. [1933]. 6 Bl. [in 3 Teilen]

945 Der Zufall als Erfinder. Von Graf Karl von Klinckowström
Der Bosch-Zünder 15.1933:2, S. 29–30

946 Der Mann, der das Petroleum «erfand».
Kölnische Illustrierte Zeitung 8.1933:28, S. 715–716
Carl Graf v. Klinckowstroem

947 Das Urbild des Jägers aus Kurpfalz von Graf Karl von
Klinckowström
München: [Münch. Zeitungs-Verl.] 1933. 1 Bl.
Aus: *Bayerische Heimat*. München 14.1933, 17. Lieferung

948 Wer hat das Telefon erfunden? Ein lehrreiches Kapitel aus der Geschichte der Erfindungen. Von Carl Graf v. Klinckowstroem.
Deutsche Technik 1.1933, 208

949 Glossen zum Thema: Wünschelrute und Krebsadern. Von Graf Carl v. Klinckowstroem.
Unsere Welt 25.1933, 84–86
Monatsschrift für Krebsbekämpfung [München] 1933:2, S. 76–79

950 Kolportage-Okkultismus. Ein Beitrag zur geistigen Volkshygiene. Von Graf Carl v. Klinckowstroem.
Unsere Welt 25.1933, 149–151

951 Todesstrafe für Hellseher – in Japan. Von Graf C. v. Klinckowstroem.
Unsere Welt 25.1933, 210

952 War Nostradamus ein Seher? Von Graf Carl v. Klinckowstroem.
Unsere Welt 25.1933, 245–247

953 Der Luftballon als Jubilar (1783). Von Graf Carl v. Klinckowstroem.
Unsere Welt 25.1933, 305–309

954 Moloch Maschine. Von Graf Carl v. Klinckowstroem.
Unsere Welt 25.1933, 336–338

955 Der Fall Margery. Von Graf Carl. v. Klinckowstroem.
     Die Umschau 37.1933, 638–639

956 Entlarvte Medien. Von Graf Carl. v. Klinckowstroem.
     Münchner Illustrierte Presse 10.1933:2, S. 54-55

957 «Briefschießen». Vom Feuerzeichen bis zur Raketenpost.
     Von Graf Carl v. Klinckowstroem, München.
     Archiv für Postgeschichte in Bayern 9.1933:2, S. 88–91

958 Astronomische Kuriosa.
     Münchener Neueste Nachrichten 218 v. 11. Aug. 1933, S.
     4
     Carl Graf v. Klinckowstroem

959 150 Jahre Luftballon. Von Carl Graf v. Klinckowstroem.
     Völkischer Beobachter 159 v. 8. Juni 1933, Beiblatt

960 Der Luftballon als Jubilar.
     Beil. zur *Deutschen Allgemeinen Zeitung* 26 v. 20. Juli
     1933
     Graf Karl v. Klinkowström [!]

961 Die Bart-Roßmühle. Technische Narreteien.
     Süddeutsche Sonntagspost Nr 27 v. 2. Juli 1933, S. 21
     C. v. Klinckowstroem

962 Von sonderbaren Bücherwidmungen.
     Münchener Neueste Nachrichten Nr 224 v. 18. Aug. 1933
     Kl.

963 Etwas von «Aufruhrpredigern». Von Graf Carl v. Klin-
    ckowström.
    Schauen und Schaffen. 2. Blatt der Tageszeitung «Der
    Jungdeutsche» 14.1933, Nr 38 v. 14. Febr.

964 Entdecker, die keine sind.
    Abendblatt [?] 265 v. 15. Nov. 1933, S. 4
    v. Kl.

965 «Sie lagen auf der Bärenhaut». Eine alte Geschichtslüge.
    Von Graf Carl v. Klinckowstroem.
    Bremer Nachrichten Nr 43 v. 12. Febr. 1933, S. 1

966 Der Moloch. Von Graf Karl von Klinckowstroem.
    Die Propyläen Beil. zur Münchener Zeitung 21. April
    1933, [S. 1–2]

967 Lieschen, der falsche Kurprinz. Eine Domela-Episode aus
    dem 18. Jahrhundert.
    Dresdner Neue Presse 13. Aug. 1933.
    Kl.

968 Ein Besuch bei Montgolfier. Ein Reisebrief des Düsseldor-
    fer Professors Johann Friedrich Benzenberg aus dem Jahre
    1804.
    Der Mittag Nr 155 v. 6. Juli 1933
    Kl.

969 Geister-Photographien. Von Carl Graf von Klinckow-
    stroem.
    Berliner Tageblatt Nr 148 v. 19. März 1933

970 Der Wunsch des Toten. Ein mystisches Erlebnis. Von Carl
Graf Klinckowstroem.
Münchener Neueste Nachrichten Nr 13 v. 14. Jan. 1933, S.
3

971 Hokus, pokus, fidibus ... Anekdoten von Zauberkünstlern.
Münchener Neueste Nachrichten Nr 203 v. 27. Aug. 1933,
S. 4
Kl.

972 Er hob die Schwerkraft auf. «Eine Entdeckung, die die
Welt umwälzen wird» – Zwanzig Zentner am kleinen Fin-
ger. Der Entdecker ins Unendliche geschleudert. Des Rät-
sels Lösung.
Abendblatt Nr 301 v. 29. Dez. 1933, S. 4
v. Kl.

1934
973 Die Kartei. Von Carl Graf v. Klinckowstroem.
Zeitschrift für Bücherfreunde III,3.1934, 14–15

974 Der Mensch der Vorzeit und die Metalle. Von Graf Carl v.
Klinckowstroem-München.
Die Knappen 2.1934:8, S. 113–114

975 Von der Draisine zum Motorrad. Von Carl Graf Klinckowstroem, München.
Krupp. Zeitschrift der Kruppschen Werksgemeinschaft
25.1934:12, S. 187–188

976 Konserven und Ersatzstoffe. Von Carl Graf v. Klinckowstroem.
Westdeutscher Wegweiser 3.1934:50, S. 6

977 Zur Geschichte des Tanks im Weltkriege.
Deutsche Technik 2.1934, 419–420
Carl Graf v. Klinckowstroem

978 Bibliophile Anekdoten. Aus mannigfachen Quellen ge-
sammelt und mitgeteilt von Carl Graf von Klinckowstroem,
München.
Philobiblon 7.1934, 145–147

979 Was wissen wir von der Kultur der alten Germanen? Von
Graf Carl v. Klinckowstroem.
Unsere Welt 26.1934, 15–18

980 Nationale Wissenschaft. Von Carl Graf v. Klinckowstroem.
Unsere Welt 26.1934, 74–76, 192
Illustrierter Beobachter 1934, Folge 11, S. 402–403

981 Tiere als Wetterpropheten. Von Graf Carl. v. Klinckow-
stroem, Berlin-Steglitz.
Unsere Welt 26.1934, 245–247
Münchener Neueste Nachrichten Nr 121 von 1934 [?] (Kl.)

982 Kempelen und sein Schachautomat. Von Carl Graf v. Klinckowstroem.
Unsere Welt 26.1934, 361–363

983 Katzenmusik gefällig? Ein Name und sein Ursprung.
Sonntag Morgenpost 25. Febr. 1934
v. Kl.

984 Zeitungsenten wachsen auf Bäumen.
[*Sonntag Morgenpost*?] 15. Juli 1934, S. 19

985 Wie der Blitzableiter entstand.
Sonntag Morgenpost 9. Sept. 1934,
von Klinckowstroem

986 Berühmte Zauberer. Mitgeteilt von Graf Carl Klinckowstroem [!].
Dresdner Neue Presse Nr 50 v. 16. Dez. 1935, Beibl. 2

987 Literatur und Zauberkunst. Von Graf Carl v. Klinckowstroem.
Dresdner Neue Presse 2. Sept. 1934

988 Eine literarische Mystifikation. [Fortsas.]
Münchener Neueste Nachrichten Nr 36 v. 7. Febr. 1934, S.
4
v. Kl.

989 Woher kommt die Schokolade?
Münchener Neueste Nachrichten Nr 55 v. 26. Febr. 1934,
S. 5
Carl Graf von Klinckowstroem

990 Von Zeitungsenten.
Münchener Neueste Nachrichten Nr 88 v. 1/2. April 1934, S. 5
v. Kl.

991 Historisches vom Gaskrieg.
Münchener Neueste Nachrichten Nr 103 v. 17. April 1934, S. 4
Carl Graf v. Klinckowstroem

992 Vom okkultistischen Komplex. Von Carl Graf von Klinckowstroem.
Münchener Neueste Nachrichten Nr 153 v. 9. Juni 1934, S. 2

993 Der Büchertod des Hellenisten Coray ... Gelehrte, die durch Unfälle ihr Leben verloren.
Münchener Neueste Nachrichten Nr 301 v. 4. Nov. 1934, S. 4
Kl.

994 Der Basilisk, so zu Warschau drei Leut getötet. Und was die wahre Todesursache war.
Münchener Neueste Nachrichten Nr 325 v. 2. Dez. 1934, S. 4
v. Kl.

995 Von alten Stammbüchern.
Die Einkehr Nr 8 v. 25. Febr. 1934, S. 30
v. Kl.

996 Bibliophile Anekdoten. Von Carl Graf v. Klinckowstroem.
Die Einkehr Nr 29 v. 8. Aug. 1934, S. 113

997 Der Teufel an den Herrn Professor. Eine literarische Miniatüre.
Dresdner Nachrichten Nr 384 v. 17. Aug.. 1934, S. 6
v. Kl.

998 Von der Draisine zum Motorrad. Von Carl Graf Klinckowstroem.
Krupp. Zeitschrift der Kruppschen Werksgemeinschaft 15.
März 1934, S. 187–188

999 Aus der Geschichte des Alltäglichen. Von Graf Carl v.
Klinckowstroem.
Krupp. Zeitschrift der Kruppschen Werksgemeinschaft
1934, S. 295, 298

1000 Brauchtum im alten deutschen Handwerk.
Völkischer Beobachter 5. April 1934 «Volkstum und
Heimat»
Carl Graf v. Klinckowstroem

1935
1001 Arzt, Chemiker, Techniker, Erfinder und Nationalökonom. Zum 300. Geburtstage Dr. Johann Joachim Bechers.
Von Graf Carl v. Klinckowstroem.
Das Werk [Düsseldorf] 15.1935, 419–420

1002 Rechengenies. Von Carl Graf von Klinckowstroem.
DCN 1603: 19.12.1935, S. 4

1003 Wie alt sind Ackerbau und Viehzucht in Mitteleuropa?
Von Carl Graf v. Klinckowstroem.
Montagsblatt. Das Heimatblatt Mitteldeutschlands [Magdeburg] 77.1935: 30, S. 239–240

1004 Wozu Bibelverse alles gut sind.
Mitteldeutscher Wegweiser 4.1935:30, S. 10
Kl.

1005 Von alten Reisebeschreibungen. Von Carl Graf v. Klinckowstroem.
Deutsche Technik 3.1935, 154, 156

1006 Wirtschaftsankurbelung vor 120 Jahren. Von Carl Graf v.
Klinckowstroem, München.
Deutsche Technik 3.1935, 416, 422

1007 Wie alt sind Ackerbau und Viehzucht in Mitteleuropa?
Von Carl Graf. v. Klinckowstroem, München.
Deutsche Technik 3.1935, 569–570

1008 Münchhausens Jägerlatein. Eine literarhistorische Studie.
Carl Graf v. Klinckowstroem.
Unsere Welt 27.1935, 182–185

1009 Drais. Zum 150. Geburtstag eines unglücklichen Erfinders. Von Graf Carl v. Klinckowstroem.

Die Umschau in Wissenschaft und Technik 39.1935, 343–344
Illustrierter Beobachter 1935, Folge 16, S. 649–650

1010 Gibt es Hellsehen? Von Carl Graf v. Klinckowstroem.
Welt und Leben. Deutsche Feuilleton-Korrespondenz 1935: 36, S. 2–5

1011 Münchhausiaden vor Münchhausen. Von Carl Graf von Klinckowstroem.
Die Literatur 1935: Okt. Sonderdruck: 3 S.

1012 Vom okkultistischen Komplex. Der Schlüssel zum Verhalten der Okkultisten. Von Carl Graf von Klinckowstroem.
Tatkraft. Wochenschrift für Lebensbejahung und Fortschritt 6.1935:30, S. 267–268

1013 Carl Graf von Klinckowstroem: Geisterphotographie.
Tatkraft. Wochenschrift für Lebensbejahung und Fortschritt 6.1935:32, S. 300

1014 Graf Carl v. Klinckowstroem: Der erste Ballonaufstieg in Deutschland.
Illustrierter Beobachter 1935, Folge 4, Nr. 43, S. 1699–1700

1015 Carl Graf v. Klinckowstroem: Münchhausens Jägerlatein. Eine literarhistorische Studie.
Illustrierter Beobachter 1935, Folge 15, S. 581–582

1016 Carl Graf v. Klinckowstroem: Das erste Todesopfer der Luftschiffahrt. Vor 150 Jahren – am 15. Juni 1785.
Illustrierter Beobachter 1935, Folge 26, S. 1027–1028

1017 Carl Graf v. Klinckowstroem: Das Volkslied vom Jäger aus Kurpfalz.
Illustrierter Beobachter 1935, Folge 28, S. 1104–1105

1018 «Zu arg gelogen!» [Über Zündhölzer.]
Unsere Welt 27.1935, 372–373
Carl Graf v. Klinckowstroem

1019 Reklametricks von vorgestern. Der Anfang einer Alltäglichkeit von heute.
Münchener Neueste Nachrichten Nr 1 v. 1. Jan. 1935, S. 5
Carl Graf v. Klinckowstroem

1020 Eine Fahrt in «des Teufels Equipage». Wie man im Jahre 1838 eine Eisenbahnfahrt über sich ergehn ließ.
Münchener Neueste Nachrichten Nr 197 v. 21. Juli 1935, S. 4
v. Kl.

1021 Graham und sein himmlisches Bett. Ein Scharlatan des 18. Jahrhunderts.
Münchener Neueste Nachrichten Nr 257 v. 20. Sept. 1935, S. 4
Kl.

1022 Feuerfeste Menschen. Geheimnisse der Fakire, Feuer-
fresser und «Unverbrennlichen».
Münchener Neueste Nachrichten Nr 273 v. 6. Okt. 1935,
S. 4
v. Kl.

1023 Bilanz des Okkultismus.
Münchener Neueste Nachrichten Nr 306 v. 9. Nov. 1935,
Bücherzeitung, S. 11
Carl Graf v. Klinckowstroem

1024 Humor und Satire in der Technik. Von Graf Carl von
Klinckowstroem.
Der Deutsche Techniker 1935:7, S. 8

1025 Der verhexte Bart. Die Geschichte einer Wanderanekdote.
Sonntag Morgenpost 17. März 1935
Kl.

1026 Eine Eisenbahnfahrt im Jahre 1838.
Breslauer Neueste Nachrichten 6.9.1935
v. Kl.

1936

1027 Archiv für Kunst und Brauchtum des Handwerks in Mün-
chen.
Deutsches Handwerk 5.1936, 30–31
[Leiter: Graf Klinckowstroem, Dr. Steinkrüger; mit Abb.]

1028 Wilkins und das Tauchboot. Von Graf Carl v. Klinckowstroem, München.
Unsere Welt 28.1936, 13–15

1029 Der werktätige Mensch als Erfinder. Von Graf Carl v.
Klinckowstroem, München.
Unsere Welt 28.1936, 306–311

1030 Aus der älteren Geschichte des Straßenbaues. Von Carl
Graf v. Klinckowstroem.
Deutsche Technik 4.1936, S. 524, 526

1031 Graf Carl v. Klinckowstroem: «Monsieur Magdebourg».
Zum 11. Mai 1936, dem 250. Todestag von Otto von
Guericke.
Illustrierter Beobachter 1936, Folge 19, S. 737–738

1032 Graf Klinckowstroem: Starke Männer.
Illustrierter Beobachter 11. Folge 41, 1936, 1662–1663

1033 Anekdotische Miniaturen.
Illustrierter Beobachter 1936, Folge 39, S. 1591
Ungezeichnet.

1034 Von den Seifensiedern und Lichtziehern. Eine kultur-
geschichtliche Plauderei. Von Carl Graf v. Klinckowstroem.
Der Arbeiter in der chemischen Industrie 1936, S. 9–10

1035 Brauchtum im alten deutschen Handwerk.
Völkischer Beobachter 5. April 1936, [S. 7]
Carl Graf v. Klinckowstroem

1036 Von blinden Handwerksleuten.
Völkischer Beobachter 141/142 v. 20./21. Mai 1936
Carl Graf v. Klinckowstroem

1037 Zauberkunst und Wissenschaft. Von Carl Graf v. Klinckowstroem.
Münchener Neueste Nachrichten Nr 257 v. 18.9.1936

1937

1038 Aus den Kindertagen der Urgeschichtsforschung. Von Carl Graf v. Klinckowstroem.
Die Umschau 41.1937, 12–15, 199–200

1039 Rasse und Kultur. Von Carl Graf v. Klinckowstroem, München.
Unsere Welt 29.1937, 102–106

1040 Aus den Kindertagen der Dampfschiffahrt. Von Carl Graf v. Klinckowstroem.
Unsere Welt 29. 1937, 161–164

1041 Aus der Vorgeschichte der Dampfmaschine. Von Carl Graf v. Klinckowstroem.
Deutsche Technik 5.1937, 152, 154

1042 Der Mensch der Steinzeit und die Technik. Von Carl
     Graf v. Klinckowstroem, München.
     Deutsche Technik 5.1937, 375–377

1043 Hellseher = Dunkelmänner.
     Schwäbische Sonntagspost 23. Mai 1937, [S. 3]
     Karl Graf v. Klinckowstroem

1044 Vorgeschichte ohne Bärenfell und Keule. Einigen «Bä-
     renhautschwärmern» unter die Nase gerieben – Die
     Wahrheit über unsere Vorfahren.
     Der SA-Mann. Folge 23 v. 5. Juni 1937, S. 6–7
     Nicht gezeichnet.

1045 Lieschen, der falsche Kurprinz. Eine Domela-Episode
     aus dem 18. Jahrhundert.[2]
     Sonntag Morgenpost 4. Juni 1937
     Kl.

1046 Anekdotisches aus dem alten Handwerk: Pasteten-Wun-
     der.
     Hamburger Fremdenblatt Nr 119 v. 30. April 1937, S. 25
     Kl.

1046a Soziale Handwerkerfürsorge im alten Nürnberg. Von
      Carl Graf v. Klinckowstroem.
      Die Umschau 41.1937, 1195–1197

---

2   Harry Domela (1904/5–nach 1977), war ein baltendeutscher Hochstapler, der
    durch sein autobiographisches Buch *Der falsche Prinz* bekannt wurde.

1938

1047	Die älteste Erzgewinnung. Von Carl Graf von Klinckow-
	stroem.
	Deutsche Technik 6.1938, 359–360

1048	Vom handwerklichen Können der Urgermanen. Von Carl
	Graf v. Klinckowstroem, München.
	Unsere Welt 30.1938, 305–310
	[Weberei – Metall – Holz.]

1049	Was ist Telepathie? Die drahtlose Telegraphie der Seele
	Hirnstrahlen? Was die Wissenschaft dazu sagt.
	Schwäbische Sonntagspost 25. September 1938, [S. 2]
	K. Graf v. Klinckowstroem

1050	Das Urbild des «Jägers aus Kurpfalz». Von Graf Carl v.
	Klinckowstroem.
	[*Nachrichten- und Unterhaltungsblatt für alle Vereine
	ehemaliger Jäger und Schützen der deutschen Armee*]
	«Deutscher Jägerbund» 1. Beil. zu Nr 18 v. 15. Sept.
	1938 [Berlin]

1051	Älteste Erzgewinnung in unserem Lebensraum.
	Der Deutsche Bergknappe Folge 15 v. 15. Aug. 1938, S.
	2
	Carl Graf v. Klinckowstroem

1052	Die älteste Form der Erzgewinnung. In Mitteldeutschland
	ist unabhängig die Bronze erfunden worden.
	Der Metallhandwerker Nr 10 v. 26. Okt. 1938
	Carl Graf v. Klinckowstroem

1053 Der Eispalast der Zarin Anna.
Völkischer Beobachter Nr 114 v. 24. April 1938, S. 22
v. Kl.

1054 Unter einer Bücherlawine begraben... Gelehrte, die durch
Unfälle ihr Leben einbüßten.
Völkischer Beobachter Nr 202 v. 21. Juli 1938, S.
v. Kl.

1055 Der lebendig begrabene Fakir.
Völkischer Beobachter 28. Juli 1938
v. Kl.

1055a Graf von Klinckowström: Falsche Fakire.
Norddeutscher Wegweiser 7.1938:37 v. 10. Sept.

1939

1056 Aus der Geschichte der Photographie. Zur Hundertjahr-
feier dieser Kunst. Von Carl Graf v. Klinckowstroem.
Deutsche Technik 7.1939, 450–451

1057 Technische Kuriosa. Von Carl Graf v. Klinckowstroem.
Deutsche Technik 7.1939, S. 538, 556

1058 Vom «blauen Montag», der Zeitungsente, dem Grog,
dem Pumpernickel und anderen merkwürdigen Bezeich-
nungen. Von Carl Graf v. Klinckowstroem, München.
Unsere Welt 31.1939, 101–111

1059 Kluge Tiere.
Sonntag Morgenpost 20. Aug. 1939
Ungezeichnet.

1940

1060 Der Büchersammler Carl Georg von Maassen. Von Carl
Graf v. Klinckowstroem.
Philobiblon 12.1940, 240–244

1061 *Physik als Kunst* / Johann Wilhelm Ritter. [Besorgt von
Carl von Klinckowstroem].
[Nachdr. der Ausg.] München: Lindauer, 1806
Berlin: Keiper [1940]. 62 S.

1062 Verleumdung – Kriegspsychose – Deutsche Wissenschaft
und Technik. Von Carl Graf von Klinckowstroem, München.
Unsere Welt 32.1940, 145–146

1941

1063 Die Technik der Renaissancezeit. Von Carl Graf von
Klinckowstroem, Leiter der Abteilung für Kulturge-
schichte und Kulturpolitik beim Hauptarchiv der NSDAP.
Die Technik der Neuzeit. Herausgegeben von Friedrich
Klemm. 1. Von der mittelalterlichen Technik zum Ma-
schinenzcitalter. Potsdam: Athenaion 1941, 1–16 S., 11
Abb. 4°
[Die 1. Korr. lag bereits am 11.10.1937 vor.]

1064 Von den ältesten Jagdbüchsen. Von Graf Carl von Klinckowstroem, München.
Deutsche Technik 9.1941, 99–100

1065 Vom Ursprung alltäglicher Gebrauchsgegenstände. Von Carl Graf v. Klinckowstroem, München.
Deutsche Technik 9.1941, 309–311
[Die Nadel – Der Fingerhut – Die Schere – Die Schreibfeder – Der Bleistift – Der Radiergummi – Das Streichholz.]

1066 Feuerwacht. Von Carl Graf v. Klinckowstroem.
Deutsche Technik 9.1941, 351–352

1067 Unbekannte Handwerksgraphik. Von Carl Graf v. Klinckowstroem, München.
Deutsche Technik 9.1941, 520–523

1068 Von blinden Handwerksleuten. Von Carl Graf v. Klinckowstroem, München.
Unsere Welt 33.1941, 205–207

1069 Graf Carl v. Klinckowstroem: «Monsieur Magdeburg».
Illustrierter Beobachter 1941, Folge 37, unpag. [Fahnenabzug?]

1942

1070 Anmaßung der deutschen Wissenschaft ...? Bemerkungen zu einem Nebenkriegsschauplatz. Von Carl Graf v. Klinckowstroem.
Deutsche Technik 10.1942, 175

1071 Segelwagen und «Auto-Schiff». Von Carl Graf v. Klinckowstroem.
Deutsche Technik 10.1942, 343–345

1072 Von den ältesten Brunnenbauten. Von Carl Graf v. Klinckowstroem.
Deutsche Technik 10.1942, 434–436

1073 Geschichtliche Streiflichter auf einige moderne Kriegsmittel. Von Carl Graf v. Klinckowstroem.
Die Umschau 46.1942, 416-418
[Tauchboot, Torpedo, Panzerschiff, Fliegerbomben]

1074 *Bibliothek Graf Carl L. von Klinckowstroem.*
O. O. u. J. [ca. 1942] 80 Bl.
Einzig nachweisbares Exemplar in der Bayerischen Staatsbibliothek München.

1943

1075 Geschichtliche Streiflichter auf einige moderne Kriegsmittel. Von Carl Graf v. Klinckowstroem.
Deutsche Technik 11.1943, 112–113
[Tauchboot – Torpedo und zur Seemine – Das Panzerschiff – Fliegerbomben]

1076 Aus der Frühgeschichte des Unterseebootes. Von Hauptmann Carl Graf v. Klinckowstroem
Marine-Rundschau 1943:12, S. 876–880

1944

1077　Torpedos, Minen, Bomben – früher. Von Carl Graf von Klinckowstroem.
Der Balkan-Adler. Frontzeitung eines Luftwaffenkommandos. Folge 142: 6. Mai 1944, S. 16–17

1078　«Briefschießen» – eine alte Luftpost.
Deutsche Soldatenzeitung 1.8.1944

1948

1079　Das Problem der Wünschelrute. Eine grundsätzliche Betrachtung von Graf Carl v. Klinckowstroem.
Die Wasserwirtschaft (früher Deutsche Wasserwirtschaft) 39.1948/49:7, S. 152–153

1080　Die Fledermausmenschen auf dem Monde.
Basler Nachrichten 21. Juli 1948
v. Kl.

1081　Zauberhaftes von Meistern der Magie.
Echo der Woche 21. Dez. 1948
v. Kl.

1949

1082　Rauchen im Altertum.
Im Wartezimmer 25.1949:6, S. 286
v. Kl.

1083　Nikotin im Altertum? Von Carl Graf v. Klinckowstroem.
SZ im Bild. Wochenendbeilage der Süddeutschen Zeitung Nr 6 v. 22. Okt. 1949

1084 Chlorophyll auf dem Mars. Von Carl Graf v. Klinckow-
     stroem.
     Tagespost [Augsburg] 1. Mai 1949

1085 Athanasius Kirchers Weltraumreise vor 300 Jahren. Von
     Carl Graf v. Klinckowstroem.
     Tagespost [Augsburg] Nr 43 v. 12. Apr. 1949

1086 Der Zauberer und das Ei.
     Die Abendzeitung [München] 15. Jan. 1949, S. 4
     kl.

1087 Die Zeitungsente.
     Tagespost [Augsburg] 9. Juni 1949
     Carl Graf v. Klinckowstroem

1088 Von Bierfälschern.
     Tagespost [Augsburg] 25. Juni 1949
     v. Kl.

1089 Herschels Riesenteleskop. Die Geschichte einer litera-
     rischen Mystifikation.
     Main-Post [Würzburg] 30. Juni 1949
     Carl Graf v. Klinckowstroem

1090 [Rez.] Die Technik im Werden der Kultur. Von Peter
     Mennicken. Wolfenbüttel, Hannover. Wolfenbütteler
     Verlagsanstalt.
     Die Umschau 1949:6.
     Carl Graf v. Klinckowstroem

1091　Die Bart-Roßmühle und andere Narreteien.
Tagespost [Augsburg] 16. Juli 1949, Beil.
Carl Graf v. Klinckowstroem

1092　Vom weihnachtlichen Naschmarkt. Pfefferkuchen, Leb-
kuchen und Schokolade.
Münchener Merkur? 17/18.1949 [!]
Carl Graf v. Klinckowström

1093　Goethe und der Weihnachtsbaum.
Münchener Allg. Zeitung 25. Dez. 1949
Carl Graf v. Klinckowström

1094　Carl Klinckowstroem: Silvesterpunsch.
Süddeutsche Zeitung 31.12.1949

1095　Probleme der Parapsychologie. Von Carl Graf von Klinckowstroem.
Die Neue Zeitung 25. Juni 1949, S. 6

1950

1096　Astronomische Kuriosa.
Sternenwelt. Monatsschrift über die Fortschritte der
Astronomie 2.1950:9, S. 205–206
C. Graf v. Klinckowstroem

1097　Seife und Zahnbürste. Von Carl Graf von Klinckowstroem, München.
Deutsche Drogistenzeitung 1950:17/18, S. 471

1098 Der Zufall als Erfinder. Von Carl Graf von Klinckow-
      ström.
      Deutscher Hausschatz 75.1950:22, Ausg. A., unpag. (1
      S.)

1099 Woher stammen die Indianer. Von Carl Graf v. Klin-
      ckowstroem.
      Die Umschau in Wissenschaft und Technik 50.1950:8, S.
      243–244

1100 Von den ältesten Pirschbüchsen.
      Die Pirsch 2.1950:24, S. 904
      Carl Graf v. Klinckowstroem

1101 Gibt es eine «nationale» Wissenschaft?
      Münchener Merkur Nr 53 v. 22. Febr. 1950
      Carl Graf v. Klinckowstroem

1102 v. Klinckowstroem: Harte Winter.
      SZ im Bild Nr 2 vom 14. Jan. 1950

1103 Als die Adria zugefroren war. Harte Winter in alter Zeit.
      Von Carl Graf von Klinckowstroem.
      Rheinischer Hausfreund Nr 4 vom 4. Jan. 1950, S. 6

1104 Der Silvesterpunsch. Von Carl Graf von Klinckowstroem
      Rheinischer Merkur und Rheinischer Hausfreund, Neu-
      jahrsbeilage. 31. Dez. 1950

1105 Osterplauderei vom Ei.
Ihre Freundin Nr (1. Aprilheft) 1950
Graf von Klinckowstroem

1106 Klinckowstroem: Vom Bier.
Süddeutsche Zeitung 25/26. März 1950

1107 Vom Aprilschicken.
Süddeutsche Zeitung Nr 77 v. 1/2. April 1950
Carl Graf Klinckowstroem

1108 Ein dichterisches Phänomen aus dem Jenseits.
Süddeutsche Zeitung Nr 205 v. 6. Sept. 1950, S. 4
Carl Graf v. Klinckowstroem

1109 Zauberkünstler haben ihren Ehrgeiz. Zur Münchner
Tagung des «Magischen Zirkels». Von Carl Graf v. Klin-
ckowstroem.
Münchener Merkur 20. Sept. 1950

1110 War Winnetou ein Asiate? Von Carl Graf v. Klinckowstroem.
Der Tagesspiegel Nr 1496 v. 12. Aug. 1950, Beibl., S. 1

1111 Das Problem der Wünschelrute. Analyse der geopathischen Begabung. Von Graf Carl v. Klinckowstroem.
Die Neue Zeitung 199 v. 23. Aug. 1950, S. 9

1112 Die Geschichte des Blitzableiters. Von Carl Graf v.
Klinckowstroem
Die Neue Zeitung 6. Dez. 1950

1113 Menschen mit Röntgen-Augen. Von Carl Graf von Klin-
      ckowstroem.
      LZ am Sonntag 12. Febr. 1950

1114 Erfindungen nebenbei. Wenn Zufall und der richtige
      Kopf zusammentreffen.
      Frankfurter Allgemeine Zeitung 235 v. 10. Okt. 1950
      Chiffre: INA

1115 Kulturgeschichtlicher Kleinkram. Von Carl Graf v.
      Klinckowstroem.
      Deutsche Tagespost [Augsburg] 16. Febr. 1950

1116 Gelehrte Irrtümer. Falsche Hieroglyphen. Falsche Fossi-
      lien. Von Carl Graf v. Klinckowstroem.
      Deutsche Tagespost [Augsburg] 14. März 1950

1117 Punsch kommt nicht von «Panschen». Von Graf Klin-
      ckowström.
      Frankf. Rundschau 30. Dez. 1950

1118 Von Bühnenhellsehern. Von C. v. Klinckowstroem.
      Neue Wissenschaft 1.1950:1, S. 26-31

1118b Der Böse Blick. Von C. v. Klinckowstroem.
       Neue Wissenschaft 1950:2, S. 28–34

1118c Alexis Carrel und Lourdes. Ein Referat, von C. v. Klin-
       ckowstroem.
       Neue Wissenschaft 1.1950:3, S. 29–33

1118d Taschenspieler und Medien. Von C. v. Klinckowstroem.
Neue Wissenschaft 1.1950:4, S. 11–16

1118e [Rez.] Kiess, A.: Wie lerne ich erfolgreich pendeln? Leichtfaßliche Einführung in Theorie und Praxis der Pendellehre. 3. erw. Aufl. Zürich: Neue Kultur 1949. 88 S.
Neue Wissenschaft 1.1950:5, S. 38–39
C. v. Kl.

1118f [Rez.] Petschke, Dr. H.: Wünschelrute, Erdstrahlen und Forschung. Orion Nr 23, Dez. 1950, S. 949–55. Mit 15 Abb.
Neue Wissenschaft 1.1950:5, S. 39
C. v. Kl.

1118g Die Entschleierung der Zukunft. Von C. v. Klinckowstroem.
Neue Wissenschaft 1.1950:6, S. 33–39

1118h [Rez.] Rohlfs, Dr. med. Dora: Irrationales und rationales Erkennen. Mediale Erlebnisse in philosophisch-physikalischer Sicht. Tübingen: Selbstverlag 1950. 103 S.
Neue Wissenschaft 1.1950:6, S. 47
C. v. K.

1118i Persönlichkeitsspaltung. Ein Phänomen abnormer seelischer Funktionen von C. v. Klinckowstroem.
Neue Wissenschaft 1.1950:9, S. 18–21

1118j [Rez.] Kopp, Dr. J.: Auf welche geophysikalischen Reize reagiert der Rutengänger? Sonderdruck aus der Schweizerischen Technischen Zeitschrift Nr. 5 vom 1. Februar 1951.
Neue Wissenschaft 1.1950:9, S. 39–40
v. Kl.

1118k [Rez.] Petschke, Dr. med. Helmut: Bestehen Zusammenhänge zwischen Krebs und geophysikalischen Reizen? Hippokrates 22. Jahrg. 7. H., 15. April 1951. Mit 3 Abb.
Neue Wissenschaft 1.1950:10, S. 35–36
Klinckowstroem

1118l Von den Uranfängen des Totenkults und der Magie. Von Carl v. Klinckowstroem.
Neue Wissenschaft 1.1950:12, S. 8–13

1951

1118m [Rez.] Dr. J. Kopp: Physikalisch-biologische Forschungen zum Problem der pathogenen Bodenreize (Erdstrahlen). S.-A. aus Gesundheit und Wohlfahrt. Zürich 1951, H. 5, S. 219–229.
Neue Wissenschaft 2.1951, 79
v. Kl.

1118n Die durchbrochene Wahrscheinlichkeit.
Neue Wissenschaft 2.1951, 116–118
v. Kl.

1118o   Das Rätsel um den indischen Seiltrick. Von Carl v. Klin-
        ckowstroem.
        Neue Wissenschaft 2.1951, 80–84

1119   Phantasien eines alten Astronomen.
        Sternenwelt 3.1951, 131–133
        C. Graf v. Klinckowstroem

1120   Wie alt sind die Subskribentenlisten?
        BB 68: 24.8.1951, 290
        Carl Graf v. Klinckowstroem

1121   Curiosa.
        BB 101: 18.12.1951, 492–493
        Carl Graf v. Klinckowstroem

1122   Bibliographie der Bücher von Otto Erich Hartleben.
        Klement, Alfred von: Die Bücher von Otto Erich
        Hartleben. Eine Bibliographie. Mit der bisher unver-
        öffentlichten ersten Fassung der Selbstbiographie des
        Dichters und hundert Abbildungen. Halkyonische Akade-
        mie für unangewandte Wissenschaften zu Salò (Regens-
        burg, beim Geschäftsführenden Senator der Halkyo-
        nischen Akademie, Dr. A. v. Klement, Pfarrergasse 10).
        1951. Fol. 95 S.
        BB 27: 3.4.1951, A298
        Carl Graf v. Klinckowstroem

1123   Die ältesten Ausgaben der «Prophéties» des Nostradamus.
        BB 33: 24.4.1951, A369–371
        Carl Graf v. Klinckowstroem

1124 Versteckte Bibliographien.
BB 36: 4.5.1951, A401
Carl Graf v. Klinckowstroem

1125 Bibliophile Porträts: Carl Erenbert Freiherr von Moll.
BB 49:19.6.1951, A549–550
Carl Graf v. Klinckowstroem

1126 Von alten Büchern über die Zauberkunst.
BB 61: 31.7.1951, A689–690
Carl Graf v. Klinckowstroem

1127 Die Herkunft des Eisens.
Stahl und Eisen 71.1951, 362–363
Karl Graf von Klinckowstroem

1128 *Carl Georg von Maassen zum Gedenken.*
München: Privatdruck 1951. 2 ungez. Bl. 4°

1129 Zum Geleit.
Archiv zur Klärung der Wünschelrutenfrage 1.1951, 1–2
Carl Graf v. Klinckowstroem

1130 Sammelreferat: Wünschelrutenforschung im Ausland.
Von Carl Graf von Klinckowstroem, München.
Archiv zur Klärung der Wünschelrutenfrage 1.1951, 50–
52

1131 [Rez.] Maltzahn, Rudolf Frh. v.: Praktisch angewandte
Wünschelrute mit Beispielen. 1. Folge. Rendsburg: Heinrich Möller o. J. 62 S., mit 7 Abb.

Archiv zur Klärung der Wünschelrutenfrage 1.1951, 53
v. Kl.

1132 [Rez.] Roberts, Kenneth: Henry Gross and his dowsing
rod. Garden City, N. Y.: Doubleday 1951. 310 S., 6 Abb.
Archiv zur Klärung der Wünschelrutenfrage 1.1951, 53–
55
v. Kl.

1133 [Rez.] Petschke, H.: Wünschelrute, Erdstrahlen und
Forschung. Orion. Nr 23.1950, 949–955, mit 15 Abb.
Archiv zur Klärung der Wünschelrutenfrage 1.1951, 55–
56
v. Kl.

1134 [Rez.] Wüst, J.: Über den physikalischen Nachweis der
sog. Erdstrahlen. In: *Die Heilkunst* 64.1951, 24–30.
Archiv zur Klärung der Wünschelrutenfrage 1.1951, 56–
59
Klinckowstroem

1135 [Rez.] Hiller, Johannes-E.: Ursprung und Entwicklung
der Wünschelrute. In: Fortschritte der Medizin. 51.1933:
Nr 18–20, 8./22. Mai. Sonderdruck 23 S.
Archiv zur Klärung der Wünschelrutenfrage 1.1951, 59
Klinckowstroem

1136 [Rez.] Kopp, J.: Auf welche physikalischen Reize reagiert der Rutengänger? In: Schweizerische Technische
Zeitschrift. Nr 5, 1.2.1951.

Archiv zur Klärung der Wünschelrutenfrage 1.1951, 59–
60
v. Kl.

1137 [Rez.] Kopp, J.: Physikalisch-biologische Forschungen
zum Problem der pathogenen Bodenreize («Erdstrahlen»),
in: Gesundheit und Wohlfahrt. Zürich 1951, Heft 5, 219–
229.
Archiv zur Klärung der Wünschelrutenfrage 1.1951, 60–
61
v. Kl.

1138 [Rez.] Petschke, Helmut: Bestehen Zusammenhänge zwischen Krebs und «geophysikalischen Reizen»? Hippokrates 22.1951:7, 15.4.1951. Mt 3 Abb.
Archiv zur Klärung der Wünschelrutenfrage 1.1951, 61
Klinckowstroem

1139 [Rez.] Zeitschrift für Radiästhesie 1949–1951.
Archiv zur Klärung der Wünschelrutenfrage 1.1951, 62–
64
v. Kl.

1140 War Winnetou ein Asiate? Von Carl v. Klinckowstroem.
Deutsche Tagespost 16. Juni 1951, S. 3

1141 Kanalflug vor 200 Jahren – ein Jubiläum? Von Carl Graf
v. Klinckowstroem.
Deutsche Tagespost 12. Sept. 1951

1142   Carl Graf v. Klinckowstroem: Da staunt der Fachmann ...
Erfindungen von Laien und Außenseitern.
Deutsche Presse-Korrespondenz 15. Okt. 1951, S. 8–9

1143   Der Böse Blick. Von C. v. Klinckowstroem
Weltwoche 5. Jan. 1951, S. 7

1952

1143a   Siebzig Jahre S. P. R. [Society of Psychical Research]
Von Carl v. Klinckowstroem.
Neue Wissenschaft 3.1952, 80-84

1143b   Der Geist Gablidone von Carl v. Klinckowstroem.
Neue Wissenschaft 1952, 463-465
[Zu Johann Caspar Lavater]

1144   Chronik der Bäume. Von Carl Graf v. Klinckowstroem.
Mit Zusätzen von Hermann Roempp.
Kosmos 48.1952, 114–117

1145   Die Seife vor 100 Jahren. Von Carl Graf v. Klinckowstroem, München.
Deutsche Drogisten-Zeitung 7.1952, 38–39

1146   Ein Streiflicht auf Englands Buchhandel vor etwa 150
Jahren.
BB 1952, 74–75
Carl Graf v. Klinckowstroem
[Über Philipp Andreas Nemnich: *Neueste Reise durch
England, Schottland und Irland, hauptsächlich in bezug*

auf Produkte, Fabriken und Handlung. Tübingen: Cotta 1897.]

1147 Tiere auf Titelvignetten.
BB 1952, 331–332
Carl Graf v. Klinckowstroem

1148 Die ältesten Schriften über Bibliophilie.
BB 1952, 87
Carl Graf v. Klinckowstroem

1149 Miscellen über den Buchhandel.
BB 1952, 497
C. v. K.

1150 Bibliographie der Taschenspielerkunst.
BB 1952, 521
Carl Graf v. Klinckowstroem
[Zu Kurt Volkmann, Louis Tummers: *Bibliographie de la Prestidigitation. Tome 1. Allemagne et Autriche*. Bruxelles: Cercle belge d'illusionisme 1952. 187 S. m. 16 Titelblattreproduktionen. Gr.8° 250 Exe. auf Velin, 25 num. Exemplare auf Van Gelder-Bütten. Nicht im Buchhandel.]

1151 Die Zauberkunst ist noch keine Hexerei ... Anekdoten, die berühmt werden. Geschichte der zertrümmerten Uhr und der verzauberten Eier.
Aktuelles Wochenend. Beilage zum Heimatblatt [München] Nr 54 v. 5. April 1952, S. 10
Carl Graf v. Klinckowstroem

1152 Von Osterbräuchen in alter Zeit. Von Carl Graf v. Klin-
      ckowstroem.
      Aktuelles Wochenend. Illustrierte Beilage zum Heimat-
      blatt Nr 58 v. 12. April 1952

1153 Woher stammen die Australier?
      Naturwissenschaftliche Rundschau 1952:5, S.199–200
      Carl Graf von Klinckowstroem, München

1154 Unter einer Bücherlawine begraben. Gelehrte, die im
      Dienste der Wissenschaft ihr Leben verloren.
      Altmühl-Bote 8. April 1952, S. 7
      Ungez.

1155 Der verhexte Bart war wirklich völlig verhext. Die Ge-
      schichte einer Wanderanekdote. Der Graf von Ligneville
      und sein Barbier.
      Altmühl-Bote 26. April 1952
      Carl Graf von Klinckowstroem

1156 Carl Graf von Klinckowstroem: Rauchen im Altertum.
      Süddeutsche Tabakzeitung Nr 43 v. 24. Okt. 1952

1157 Vierzehn Eier kosteten einen Pfennig. Von Carl Graf v.
      Klinckowstroem.
      Goslarsche Zeitung 12. April 1952

1953

1158 Weihnachtliche Kuriosa. Von Carl Graf von Klinckow-
      stroem.
      Deutsche National-Zeitung 1953: 21.12.1953, S. 13

1159 Carl Graf Klinckowstroem: Erfinderförderung, gestern
und heute.
Orion 8.1953, 996–998

1160 Die Kartei.
BB 9: 30.1.1953, 53
Carl Graf v. Klinckowstroem

1161 Von sonderbaren Bücherwidmungen.
BB 86: 27.10.1953, 542
Klinckowstroem

1162 Ackermann, Rudolf (Kunsthändler; Industrieller; Buch-
händler; 1764 bis 1834).
NDB 1.1953, 36
Carl Graf v. Klinckowstroem

1163 Amsler, Alfred (Fabrikant; Ingenieur; 1857 bis 1940).
NDB 1.1953, 262
Carl Graf v. Klinckowstroem

1164 Andresen, Momme (Photochemiker; 1857 bis 1951).
NDB 1.1953, 286–287
Carl Graf v. Klinckowstroem

1165 Auerbach, Felix (Physiker; 1856 bis 1933).
NDB 1.1953, 433
Carl Graf v. Klinckowstroem

1166 Aufschläger, Gustav Moritz Adolf (Sprengstofftechniker;
1853 bis 1934).

NDB 1.1953, 443
Carl Graf v. Klinckowstroem

1167 Baader, Joseph von (Ingenieur; Mechaniker; 1763 bis
1835).
NDB 1.1953, 476-477
Carl Graf v. Klinckowstroem

1168 Bachmann, Wilhelm Eduard (Chemiker; 1885 bis 1933).
NDB 1.1953, 501
Carl Graf v. Klinckowstroem

1169 Baensch, Otto von (Ingenieur; Erbauer des Kaiser-
Wilhelm-Kanals; 1825 bis 1898).
NDB 1.1953, 523
Carl Graf v. Klinckowstroem

1170 Bauer, Wilhelm (Konstrukteur des ersten Tauchboots;
1822 bis 1875).
NDB 1.1953, 646
Carl Graf v. Klinckowstroem

1171 Baumgarten, Ernst Georg (Ballonkonstrukteur; 1837 bis
1884).
NDB 1.1953, 660–661
Carl Graf v. Klinckowstroem

1172 Beck, Heinrich (Elektrotechniker; 1878 bis 1937).
NDB 1.1953, 701
Carl Graf v. Klinckowstroem

1173 Beck, Theodor (Fabrikant; Fachschriftsteller; 1839 bis 1917).
NDB 1.1953, 699–700
Carl Graf v. Klinckowstroem

1174 Becker, Eduard (Ingenieur; Maschinenfabrikant; 1832 bis 1913).
NDB 1.1953, 715
Carl Graf v. Klinckowstroem

1175 Beckmann, Johann (Kameralist; Technologe; 1739 bis 1811).
NDB 1.1953, 727–728
Carl Graf v. Klinckowstroem

1176 Beer, August (Physiker; Optiker; 1825 bis 1863).
NDB 1.1953, 734
Carl Graf v. Klinckowstroem

1177 War Coppernicus Pole? Von Carl Graf v. Klinckowstroem.
Das Ostpreußenblatt 4.1953, Folge 1 v. 5. Jan., S. 3

1178 Plauderei vom Osterei.
Hausfrauenblatt [Hamburg] Nr 183 v. 4. April 1953
Carl Graf v. Klinckowstroem

1179 Weihnachtliche Kuriosa. Von Carl Graf von Klinckowstroem.
Deutsche Nationalzeitung 21. Dez.1953, S. 13

1954

1180 *Die Zauberkunst.* [Meister, Geschichte, Tricks.] / Carl
von Klinckowstroem. Mit 63 Abb.
München: E. Heimeran (1954). 134 S. mit Abb. im Text
und auf Taf. gr.8°

1181 Aus der Frühgeschichte der Destillierkunst / Carl Graf v.
Klinckowstroem.
Deutsche Drogisten-Zeitung 9.1954, 379–381

1182 «Ingenieur» auf alten Buchtiteln.
BB 50: 25.6.1954, 383
Carl Graf v. Klinckowstroem

1183 Die deutschen technologisch-ökonomischen und kamera-
listischen Periodica des 18. Jahrhunderts.
BB 60: 30.7.1954, 439–440
Carl Graf v. Klinckowstroem

1184 Der vierte Band von Mommsens Römischer Geschichte.
BB 60: 30.7.1954, 445
Carl Graf v. Klinckowstroem

1185 Darstellungen des Zauberers in der bildenden Kunst.
BB 85: 26.10.1954, 625
Carl Graf v. Klinckowstroem
Zu: Kurt Volkmann: *Das Becherspiel. Darstellungen des
Zauberers in der bildenden Kunst. Das 15. und 16. Jahr-
hundert.* Düsseldorf: Magischer Zirkel. 36 S., 23 Abb.
kl.2°

1186 Franz Kessler.
BB 90: 12.11.1954, 657–658
Carl Graf v. Klinckowstroem

1187 Gutachtliche Urteile über die Wünschelrute. 16 Geologen treten für die Wünschelrute ein. Eine Auswahl, getroffen von Carl Graf v. Klinckowstroem.
Archiv zur Klärung der Wünschelrutenfrage 2.1954, 5–15

1188 Gabriel de Mortillet und die Wünschelrute. Von Carl Graf v. Klinckowstroem.
Archiv zur Klärung der Wünschelrutenfrage 2.1954, 44–48

1189 Behördliche Leistungsprüfung von Rutengängern?
Archiv zur Klärung der Wünschelrutenfrage 2.1954, 48–49
Klinckowstroem

1190 Selbsttäuschungen. Eine historische Miscelle.
Archiv zur Klärung der Wünschelrutenfrage 2.1954, 49–51
Klinckowstroem

1191 Besprechungen. Von Carl Graf von Klinckowstroem.
Archiv zur Klärung der Wünschelrutenfrage 2.1954, 53–64
Michels, F.: Das Problem der Wünschelrute, Erdstrahlen, Prüfung durch wissenschaftliche Kommissionen. Straße und Verkehr, Solothurn 37.1951, 374–380

Ebelt: Das Geheimnis der Wünschelrute. Die Wasserwirtschaft 42.1952, 356–357

Quiring, Heinrich: Wünschelrute und Geophysik. Murnau, München: Seb. Lutz (1951). 71 S. (Orion-Bücher 41.)

Aaltonen, V. T.: Bodenstrahlen als Bonitierungsgrundlage des Waldbodens. Forstarchiv 22.1951, 169–171

Theodore Besterman: Water-divining. New facts and theories. London: Methuen 1938. X, 207 S.

1192   Der Schlesische «Wassergraf». Erinnerungen an einen vergessenen Rutengänger. Von Carl v. Klinckowstroem.
Archiv zur Klärung der Wünschelrutenfrage 3.1954, 30–34

1193   Tiere im Gewitterfeld.
Archiv zur Klärung der Wünschelrutenfrage 3.1954, 37–38
[Ungez.]

1194   Die Wünschelrute auf Gallipoli.
Archiv zur Klärung der Wünschelrutenfrage 3.1954, 38
v. Kl.

1195   [Rez.] Aaltonen, V. T.: Earth radiation in the light of forest investigations, in Metsätieteellisen Tutkimuslaitoksen Julkaisuja - Communicationes Instituti Forestralis Fenniae. 40,15. Helsinki 1952. 47 S., 18 Abb.
Archiv zur Klärung der Wünschelrutenfrage 3.1954, 40
v. Kl.

1196 [Rez.] Osswald, Kurt: Das Problem der Wünschelrute.
Natur und Kultur 32.1935, 211–216.
Ders.: Neue Methode zur Feststellung von Grundwasser-
strömen. Wasserkraft und Wasserwirtschaft 30.1935,
218–219.
Archiv zur Klärung der Wünschelrutenfrage 3.1954, 40–
41
v. Kl.

1197 Die Kehrseite [Zeitschriften-Sammelreferat].
Archiv zur Klärung der Wünschelrutenfrage 3.1954, 41–
48

1198 [Rez.] Brüche, Ernst: Bericht über die Wünschelrute,
geopathische Reize und Entstörungsgerät. Naturwiss.
Rundschau 7.1954, 367–377 (erster Teil).
Archiv zur Klärung der Wünschelrutenfrage 3.1954, 52–
54
Klinckowstroem

1199 Geschichte der Wünschelrute. Von Carl Graf von Klinckowstroem.
Archiv zur Klärung der Wünschelrutenfrage 3.1954, 55–
64

1200 Die deutschen Frauenzeitschriften des 18. Jahrhunderts.
Von Carl Graf v. Klinckowstroem, München.
Antiquariat 10.1954, 119

1201 Die wissenschaftliche Europäisierung Rußlands. Von
Carl Graf v. Klinckowstroem.
Der europäische Osten 1.1954, 171–174

1955

1202 Lied der Nachdrucker.
BB 5: 13.1.1955, 38
v. Kl.
Dazu: Zum «Lied der Nachdrucker». *BB* 39: 17.5.1955,
315 (Hans Widmann)

1203 Literaturzusammenstellung über Artisten, Equilibristen,
Jongleure usw.
BB 19: 8.3.1955, 160–161
Carl Graf v. Klinckowstroem

1204 Grisebach-Bibliographie.
BB 19: 8.3.1955, 162
Carl Graf v. Klinckowstroem.
Zu: Alfred v. Klement: Eduard-Grisebach-Bibliographie.
Mit 45 Abb. Wien, Bad Bocklet, Zürich: Walter Krieg
1955. 24 S. 2° 200 numer. Exemplare.

1205 Über das Buchwesen in Paris 1798.
BB 26: 1.4.1955, 218–219
Carl Graf v. Klinckowstroem

1206 Anekdoten.
BB 81: 11.10.1955, 662–663
Klinckowstroem

1207 Makrobiotik. Versuch einer Bibliographie.
      BB 85: 25.10.1955, 695
      Carl Graf v. Klinckowstroem

1208 Plagiat.
      BB 95: 29.11.1955, 774–776
      Carl Graf v. Klinckowstroem

1209 Lazarus Ercker.
      BB 95: 29.11.1955, 776
      Klinckowstroem

1210 Eine technische Satire.
      BB 101: 20.12.1955, 841–842
      Carl Graf v. Klinckowstroem

1211 Wunderglaube unserer Zeit: der okkultistische Komplex
      von Graf Carl v. Klinckowstroem.
      [Braunschweig]: [Westermann] [1955], S. 24–26
      Aus: *Westermanns Monatshefte*, Juli 1955

1212 Selbstbekenntnisse von Medien / Carl Graf von Klin-
      ckowstroem.
      München: Herder 1955, S. 149–152
      Aus: *Stimmen der Zeit* Bd. 157.

1213 Beireis, Gottfried Christoph (Polyhistor; Arzt; 1730 bis
      1809).
      NDB 2.1955, 20–21
      Carl Graf v. Klinckowstroem

1214 Bergmann, Sigmund (Industrieller; Erfinder; 1851 bis 1927).
NDB 2.1955, 91
Carl Graf v. Klinckowstroem

1215 Bernhardi, Friedrich (Bergbauindustrieller; 1838 bis 1916).
NDB 2.1955, 124
Carl Graf v. Klinckowstroem

1216 Besthorn, Emil (Chemiker; 1858 bis 1921).
NDB 2.1955, 184
Carl Graf v. Klinckowstroem

1217 Bilfinger, Paul (Ingenieur; Brückenbauingenieur; 1858 bis 1928).
NDB 2.1955, 236
Carl Graf v. Klinckowstroem

1218 Blezinger, Johann Georg (Industrieller; Kaufmann; 1717 bis 1795).
NDB 2.1955, 303–304
Carl Graf v. Klinckowstroem

1219 Böckler, Georg Andreas (Baumeister; Ingenieur; gest. 2. Hälfte 17. Jahrhundert).
NDB 2.1955, 371
Carl Graf v. Klinckowstroem

1220 Börnstein, Ernst (Chemiker; 1854 bis 1932).
NDB 2.1955, 406
Carl Graf v. Klinckowstroem

1221 Börnstein, Richard (Meteorologe; 1852 bis 1913).
NDB 2.1955, 406
Carl Graf v. Klinckowstroem

1222 Boveri, Walter David (Industrieller; 1865 bis 1924).
NDB 2.1955, 493
Carl Graf v. Klinckowstroem

1223 Brandt, Alfred (Maschineningenieur; 1846 bis 1899).
NDB 2.1955, 532
Carl Graf v. Klinckowstroem

1224 Bronn, Jegor (Technologe; 1870 bis 1932).
NDB 2.1955, 634
Carl Graf v. Klinckowstroem

1225 Brown, Charles (Maschinenbauingenieur; Gründer der schweizerischen Maschinenbauindustrie; 1827 bis 1905).
NDB 2.1955, 639–640
Carl Graf v. Klinckowstroem

1226 Brown, Charles (Elektroingenieur; 1863 bis 1924).
NDB 2.1955, 640
Carl Graf v. Klinckowstroem

1226a   Technik der Urzeit.
        Welt der Technik. Ein Bildwerk zur Geschichte des
        handwerklichen und industriellen Fortschritts. Murnau:
        Lux 1955 (Orionbücher 85a.), 6–28

1226b   [Rez.] Archiv zur Klärung der Wünschelrutenfrage NF
        2.1954 Lorch.
        Neue Wissenschaft 5.1955, 38
        C. v. Klinckowstroem

1226c   Gehirnakrobaten. Von C. v. Klinckowstroem.
        Neue Wissenschaft 5.1955, 60–66
        [Aus: Klinckowstroem: *Die Zauberkunst*]

1226d   [Rez.] Wünschelrute, Erdstrahlen und Wissenschaft. Dar-
        gestellt in Arbeitsgemeinschaft (von neun Autoren). Her-
        ausgegeben von Priv. Doz. Dr. Otto Prokop. Mit 39 Abb.
        Stuttgart: F. Enke 1953. 183 S.
        Neue Wissenschaft 5.1955, 230–231
        Klinckowstroem

1226e   [Rez.] Raoul Busquet (Correspondent de l'Institut): No-
        stradamus, sa famille et son secret. Paris: Foufrnier-Val-
        des 1950. 190 S.
        Neue Wissenschaft 5.1955, 382
        Carl Klinckowstroem

1955/56

1227 Kampf gegen Aberglauben. Von Carl Graf von Klinckowstroem
Archiv zur Klärung der Wünschelrutenfrage NF 4/5. 1955/56, 59–62

1228 Menschen mit «Röntgenaugen». Von Carl Graf von Klinckowstroem.
Archiv zur Klärung der Wünschelrutenfrage NF 4/5. 1955/56, 62–65

1229 Ein Erfolg der Wünschelrute.
Archiv zur Klärung der Wünschelrutenfrage NF 4/5. 1955/56, 65–66
Klinckowstroem

1230 Keine Wasserleitungen als Versuchsobjekte.
Archiv zur Klärung der Wünschelrutenfrage NF 4/5. 1955/56, 66–67
Klinckowstroem

1231 Persönliches.
Archiv zur Klärung der Wünschelrutenfrage NF 4/5. 1955/56, 67–69
Carl Graf v. Klinckowstroem, München

1232 [Rez.] L'eau 1950:10.
Archiv zur Klärung der Wünschelrutenfrage NF 4/5. 1955/56, 69–70
Klinckowstroem

1233 [Rez.] Zeitschrift für Radiästhesie 6.1954:5/6.
Archiv zur Klärung der Wünschelrutenfrage NF 4/5.
1955/56, 70–71
Klinckowstroem

1234 [Rez.] Zeitschrift für Radiästhesie 1955:1/2.
Archiv zur Klärung der Wünschelrutenfrage NF 4/5.
1955/56, 71–72
Klinckowstroem

1235 [Rez.] Venzmer, Dr. med. et phil. Gerh.: Der Entstrahlungsschwindel. Kosmos 1955: Febr.
Archiv zur Klärung der Wünschelrutenfrage NF 4/5.
1955/56, 72
Klinckowstroem

1236 [Rez.] Gesundheit und Wohlfahrt. Revue suisse d'hygiène. 35.1955:5.
Archiv zur Klärung der Wünschelrutenfrage NF 4/5.
1955/56, 72–73
Klinckowstroem

1237 [Rez.] Benedikt, Dr. med. Klaus; Ing. L. Oberneder: Angewandte Geopathie. Fahrenzhausen bei München (1955).
104 S. 4°
Archiv zur Klärung der Wünschelrutenfrage NF 4/5.
1955/56, 73
Klinckowstroem

1238 [Rez.] Rhine, J. B.: The challenge of the dowsing rod. The journal of parapsychology. 16.1952:1, S. 1–10. Durham, N.C.
Archiv zur Klärung der Wünschelrutenfrage NF 4/5. 1955/56, 73-74
Klinckowstroem

1239 [Rez.] Schenk, Dr. E.: Die Radioaktivität der Mineralquellen. Der Naturbrunnen. 5.1955:Jan, S. 1–3.
Archiv zur Klärung der Wünschelrutenfrage NF 4/5. 1955/56, 74–75
Klinckowstroem

1240 [Rez.] Mitteilungen der Deutschen Landwirtschaftlichen Gesellschaft. 1954: 52/54; Wasserwirtschaft 1955:6, S. 151–153.
Archiv zur Klärung der Wünschelrutenfrage NF 4/5. 1955/56, 75–76
Klinckowstroem

1241 [Rez..] Kopp, J.: Die Bedeutung der geopathischen Forschungen von Dr. med. E. Jenny. Gesundheit und Wohlfahrt 34.1954, 397–401.
Archiv zur Klärung der Wünschelrutenfrage NF 4/5. 1955/56, 76–77
Klinckowstroem

1242 [Rez.] Brüche, Prof. Dr.-Ing. Ernst: Bericht über die
      Wünschelrute, geopathische Reize und Entstörungsgeräte
      (II). Naturwissenschaftliche Rundschau 7.1954, 454–465.
      Archiv zur Klärung der Wünschelrutenfrage NF 4/5.
      1955/56, 77–78
      Klinckowstroem

1243 [Rez.] Letzeburger Illustréert 27.8.1955
      Archiv zur Klärung der Wünschelrutenfrage NF 4/5.
      1955/56, 78
      Klinckowstroem

1244 [Rez.] Zur gegenwärtigen Situation der Geopathie. Von
      Dr. med. et phil. J. Wüst und Dr. med. H. Petschke. Son-
      derdruck aus Erfahrungsheilkunde 3.1954:12, S. 28.
      Archiv zur Klärung der Wünschelrutenfrage NF 4/5.
      1955/56, 78–81
      Klinckowstroem

1245 Zum Gedenken von Prof. Dr.-Ing. Erwin Marquardt.
      Archiv zur Klärung der Wünschelrutenfrage NF 4/5.
      1955/56, 81–82
      Klinckowstroem

1246 Willy Hellpach†
      Archiv zur Klärung der Wünschelrutenfrage NF 4/5.
      1955/56, 82
      Klinckowstroem

1247 Geschichte der Wünschelrute. Von Carl Graf Klinckow-
      stroem (Fortsetzung).

Archiv zur Klärung der Wünschelrutenfrage NF 4/5.
1955/56, 83–103

1248 Die blutgierigen Bestien Afrikas. [Leserbrief]
Münchner Merkur 10./11. Sept. 1955
C. Graf v. Klinckowstroem

1249 Starke Männer. Erstaunliche Kraftproben durch die Jahr-
hunderte. Von Carl Graf v. Klinckowstroem.
Sonntagsblatt Staats-Zeitung und Herold 4. Sept. 1955
Die Glocke 1. Sept. 1955

1250 War Winnetou ein Asiate? Von Carl Graf v. Klinckowstroem.
Sonntagsblatt Staats-Zeitung und Herold 18. Dez. 1955

1251 Starke Männer werden stets bewundert. Von Carl Graf
von Klinckowstroem.
Kölnische Rundschau 180 v. 6. Aug. 1955

1252 Den Amboß unterm Mantel verborgen. Starke Männer,
die bewundert wurden. Dragoneroffizier brach Eisentüren
auf.
Südhessische Post 20. Juli 1955
Fuldaer Zeitung 30. Juli 1955
Carl Graf von Klinckowstroem

1253 Geschichten von starken Männern.
Oberbayr. Volksblatt [Rosenheim] 23. Aug. 1955, S. 7
Carl Graf v. Klinckowstroem

1956

1254 Carl Graf von Klinckowstroem: Vom Hammer zur voll-
     automatischen Maschine.
     Orion 11.1956, 472–475

1255 Bibliographie der deutschsprachigen erfindungsge-
     schichtlichen Literatur.
     BB 76: 21.9.1956, 1329–1332
     Carl Graf v. Klinckowstroem.

1256 Menschenhaut.
     BB 83: 16.10.1956, 1462
     v. Kl.

1257 Die Anekdote.
     BB 7: 24.1.1956, 86–88
     Carl Graf v. Klinckowstroem

1258 Bibliographie der älteren deutschen technologischen Ju-
     gendbücher.
     BB 13: 14.2.1956, 173–175
     Carl Graf v. Klinckowstroem

1259 Die Seele des Schriftstellers.
     BB 42: 25.5.1956, 769–770
     Klinckowstroem

1260 Ist eine antike Kuh eine alte Kuh? Betrachtungen über
     das Fremdwort. Von Carl Graf v. Klinckowström.
     Weser-Kurier 4. Jan. 1956, S. 9

1261 Die früheren Zeiten waren humaner [Leserbrief]
      Münchner Merkur 4/5. Febr. 1956
      Carl Graf v. Klinckowstroem

1957

1262 *Libri, Tinius, Vincente.*
      Frankfurt: Der Deutsche Büchermarkt 1957. 1 Bl.

1263 Carl Graf von Klinckowstroem: Technische Leistungen
      alter Indianer-Kulturen.
      Orion 1957, 717–719

1264 Nachruf auf Franz Maria Feldhaus. [†22. Mai 1957]
      Archives internationales d'histoire des sciences 10.1957,
      303–304
      Carl Graf v. Klinckowstroem

1265 Die Gesellschaft der Münchener Bibliophilen.
      BB 72a: 9.9.1957, 26–30

1266 Münchhausiaden vor Münchhausen. Von Carl Graf von
      Klinckowstroem.
      BB 1957, 513–515

1267 Bibliotheksbeleuchtung.
      BB 1957, 1140
      Carl Graf v. Klinckowstroem

1268 Alfred v. Klement zum Gedenken. [†26.5.1957][3]
BB 54: 5.6.1957, 849
Carl Graf v. Klinckowstroem

1269 Rund um Jules Verne. Betrachtungen zur Literaturgattung der technisch-utopischen Romane. Von Carl Graf v. Klinckowstroem.
BB 61: 30.7.1957, 1037–1038

1270 Die älteste Eisenbahnlektüre.
BB 81: 8.10.1957, 1265–1266
Carl Graf v. Klinckowstroem

1271 Die Blinden-Literatur vor 1800. Von Carl Graf v. Klinckowstroem.
BB 97: 3.12.1957, 1475–1477

1272 Carl Graf von Klinckowstroem: Enzyklopädien. Bibliographie der ersten deutschsprachigen enzyklopädischen Werke.
Philobiblon 1.1957, 323–327

1273 Das Volkslied vom Jäger aus Kurpfalz. Von Carl Graf v. Klinckowstroem.
BB 1957, 576–578

1274 Das Volteschlagen. Eine kleine literarische Abschweifung. Von Carl Graf v. Klinckowstroem.
BB 1957, 857–858

---

3   Vgl. auch *BB* 1951, Nr 27.

1275   Buff, Heinrich (Physiker; Chemiker; 1805 bis 1878).
         NDB 3.1957, 8–9
         Carl Graf v. Klinckowstroem

1276   Busley, Carl (Flottenpolitiker; Schiffsbauingenieur; Ma-
         rineingenieur; 1850 bis 1928).
         NDB 3.1957, 70
         Carl Graf v. Klinckowstroem

1277   Die schwarze Sibylle von Martinique. Von Carl Graf v.
         Klinckowstroem.
         [Quelle nicht erm.; Köln?] Nr 132, Pfingsten 1957

1278   Fledermausmenschen auf dem Mond. Ein «Tatsachen-
         bericht», auf den viele hereinfielen.
         Torontoer Zeitung 13. Dez. 1957, S. der Unterhal-
         tungsbeilage
         Badische Neueste Nachrichten 30. Nov. 1957
         Siegener Zeitung 7. Dez. 1957
         Iserlohner Zeitung 30. Nov. 1957
         Alfelder Zeitung 28. Nov. 1957
         Graf v. Klinckowstroem

1279   Die Aufhebung der Schwerkraft. Von Carl Graf von
         Klinckowstroem.
         Basler Nachrichten 506 v. 28. Nov. 1957

1280 Der verhexte Bart. Die Geschichte einer Wanderanekdote.
         Kasseler Post 24. Okt. 1957
         Westfäl. Volksblatt 9. Nov. 1957
         Carl Graf von Klinckowstroem

1281 Der erste Zucker in Bayern. Die Kontinentalsperre gab den Anstoß. Von Carl Graf v. Klinckowstroem.
Münchner Merkur, Beil. Bayerische Heimat 26/27. Okt. 1957

1282 Adelstitel oder Namensteil. [Leserbrief.]
Münchner Merkur 20/22. Apr. 1957
Carl Graf von Klinckowstroem

1283 Das «falsche Schwein» und die Atombombe. [Leserbrief.]
Münchner Merkur 1./2. Juni 1957
Carl Graf v. Klinckowstroem

1958

1284 Aberglaube und Wünschelrute. Ein Briefwechsel, mitgeteilt von Carl Graf v. Klinckowstroem.
Zeitschrift für Radiästhesie 10.1958, 36–54

1285 Der Burengeneral als Rutengänger. Eine Lesefrucht – mitgeteilt von Carl Graf v. Klinckowstroem.
Zeitschrift für Radiästhesie 10.1958, 87–89

1286 Nochmals zum Thema «Aberglaube und Wünschelrute».
Zeitschrift für Radiästhesie 10.1958, 95–98
Carl Graf von Klinckowstroem

1287 Verwilderung der Kritik.
Zeitschrift für Radiästhesie 10.1958, 99–100
Carl Graf von Klinckowstroem

1288 Richtigstellung.
Zeitschrift für Radiästhesie 10.1958, 98–99
Carl Graf von Klinckowstroem

1289 Carl Graf v. Klinckowstroem: Nochmals zur Wünschelrutenfrage.
Zeitschrift für Radiästhesie 10.1958, 198–200

1290 *Carl Georg von Maassen. Zum Gedenken.* (Neuaufl.) (Er-
innerungsschrift. Als Sonderdruck für die Eröffnung der
Ausstellung «Schwabing» 1958.)
[München:] (Schutzverband Bildender Künstler 1958). 2
Bl.

1291 Defektenergänzung.
BB 8: 28.1.1958, 51–52
Carl Graf v. Klinckowstroem

1292 Von alten Reisebeschreibungen.
BB 8: 28.1.1958, 52–53
Carl Graf v. Klinckowstroem

1293 Quellenkritische Bemerkungen zu Schillers Geisterseher.
Von Carl Graf v. Klinckowstroem.
BB 27: 3.4.1958, 385–388

1294 Literarische Mystifikationen. Von Carl Graf v. Klinckowstroem.
BB 32: 22.4.1958, 549–551

1295   Die älteren physikalischen Lehrbücher (bis ca. 1750). Ein bibliographischer Versuch. Von Carl Graf v. Klinckowstroem.
BB 32: 22.4.1958, 553–555

1296   Versiegelte und verklebte Bücher.
BB 38: 13.5.1958, 626–627
Carl Graf v. Klinckowstroem

1297   Die Aufhebung der Schwerkraft. (Eine «Ente».) Von Carl Graf v. Klinckowstroem.
BB 43: 30. Mai 1958, 695–696

1298   Gelehrten-Kuriosa. Von Carl Graf v. Klinckowstroem.
BB 52: 1.7.1958, 814–817

1299   Luftschiffahrts-Bibliographien. Von Carl Graf v. Klinckowstroem.
BB 74: 16.9.1958, 1107–1109

1300   Zacharias Konrad von Uffenbachs Erfahrungen mit Buchhändlern. Von Carl Graf v. Klinckowstroem.
BB 74: 16.9.1958, 1109–1111

1301   Bibliographie des deutschsprachigen Schrifttums über Aberglauben bis 1800. Von Carl Graf v. Klinckowstroem.
BB 77: 26.9.1958, 1290–1292

1302   Eine Zirkus-Bibliographie.
BB 94: 25.11.1958, 1515
Carl Graf v. Klinckowstroem

Zu: R. Toole Stott: *Circus and allied arts. A world bibliography 1500–1957*. Based mainly on circus literature in the British Museum, the Library of Congress, the Bibliothèque nationale and on his own collection. With a foreword by M. Willson Disher. Vol. 1. Derby: Harpur & Sons 1958. 185 S., 12 Taf. 4°

1303 Gesamtregister. Von Carl Graf v. Klinckowstroem.
BB 101: 19.12.1958, 1697–1698

1304 Carl Graf v. Klinckowstroem: Zum 250. Todestag von Ehrenfried Walther von Tschirnhaus.
Orion 1958, 830-832

1305 Geschichte - heiter. Anekdoten um Friedrich den Großen.
Rundfunkhörer Nr 17 v. 10. Aug. 1958
v. Kl.

1306 [Anekdoten]
Rundfunkhörer Nr 19 v. 1958
v. Kl.

1307 Bühnentod mit Hindernissen.
Rundfunkhörer Nr 20 v. 21. Sept. 1958
v. Kl.

1308 Eine wichtige Sache: Das Tandlerwesen. Es gehört zu München wie der Föhn und das Bier. Am Samstag beginnt die Jakobi-Dult.
Münchner Merkur 25.7. 1958
Carl Klinckowstroem

1309 Carl Graf v. Klinckowstroem: Starke Männer.
      Wildeshauser Zeitung 1. Sept. 1958?

1959

1310 *Knaurs Geschichte der Technik.* Von Carl Graf von Klin-
      ckowstroem. Mit 195 Abbildungen und 20 Tafeln.
      München, Zürich: Droemersche Verlagsanstalt Th. Knaur
      Nachf. (1959). 488 S.

1311 Carl Graf von Klinckowstroem: Mein Schlußwort zum
      Fall Brunner.
      Zeitschrift für Radiästhesie 11.1959, 22–25

1312 Carl Graf v. Klinckowstroem: Noch ein Nachwort zu
      meinem Schlußwort zum Fall Brunner.
      Zeitschrift für Radiästhesie 11.1959, 62–64

1313 Meine grundsätzliche Stellungnahme zum Wünschelru-
      tenproblem. Von Carl Graf v. Klinckowstroem.
      *Zeitschrift f. Parapsychologie u. Grenzgebiete der Psy-
      chologie* 3.1959, 129–139

1314 Vom Papier. Eine Bibliographie bis 1800. Von Carl Graf
      v. Klinckowstroem.
      BB 6: 20.1.1959, 72–74

1315 Der Erfinder der Himmelsrakete – ein Dichter. Von Carl
      Graf v. Klinckowstroem.
      BB 10: 3.2.1959, 144–145

1316 Die Anfänge der Geschichte der Physik. Eine bibliographische Betrachtung. Von Carl Graf v. Klinckowstroem.
BB 23: 20.3.1959, 381–382

1317 Bibliographie des Feuerlöschwesens bis etwa 1800. Von Carl Graf v. Klinckowstroem.
BB 32: 21.4.1959, 518–521

1318 Das alte Schrifttum über Geodäsie. Von Carl Graf v. Klinckowstroem.
BB 39: 15.5.1959, 614–617

1319 Alte bayerische Zeitschriften (bis 1825). Von Carl Graf v. Klinckowstroem.
BB 45: 5.6.1959, 690–692

1320 Das Schrifttum über Manufakturen und Fabriken im 18. Jahrhundert. Von Carl Graf v. Klinckowstroem.
BB 68: 25.8.1959, 1021–1023

1321 Die Handwerkerdarstellungen. Von Carl Graf v. Klinckowstroem.
BB 78a: 30.9.1959, 1303–1304

1322 Das alte Wasserbau-Schrifttum bis 1800. Von Carl Graf v. Klinckowstroem.
BB 94: 24.11.1959, 1614–1616

1323 Glas. Versuch einer (begrenzten) Bibliographie. Von Carl Graf v. Klinckowstroem.
BB 104: 30.12.1959, 1948–1951

1324 Die ersten 20 Jahre der Rübenzuckerindustrie im Schrift-
     tum (1799–1820). Von Carl Graf v. Klinckowstroem.
     BB 104: 30.12.1959, 1951–1955

1325 Mein Schlusswort zum Fall Brunner / Graf Carl von
     Klinckowstroem.
     [S.l.], [1959]. [2] Bl.
     Aus: *Zeitschrift für Radiästhesie* 11. Jg., H. 1–2.
     Vgl. <1311>

1326 Dominik, Hans (Schriftsteller; Ingenieur; 1872 bis 1945).
     NDB 4.1959, 67–68
     Carl Graf v. Klinckowstroem

1327 Anekdoten.
     Rundfunkhörer 1959:15.
     v. Kl.

1328 Bibliophile Erinnerungsstreiflichter.
     Vorwort zum *Antiquariatskatalog* 20 von R. Wölfle in
     München, Sept. 1959. 4 S.
     Carl Graf v. Klinckowstroem

1329 Carl Graf von Klinckowstroem: Die deutsche Apotheke
     und ihre kulturelle Bedeutung.
     Orion 1959, 284–286

1330 Hofdamen mit wetterfestem Teint. Aus dem churfürst-
     lichen München von 1729. Die «Die Feyerung des Fron-
     leichnamfestes».

Münchner Merkur 27/28. Mai 1959, S. 15
Carl Graf v. Klinckowstroem

1960

1331 *Geschichte der Technik.* Von Carl Graf von Klinckowstroem. Mit 195 Abb. u. 20 Taf.
Berlin, Darmstadt, Wien: Deutsche Buch-Gemeinschaft
(1960). 488 S.
Lizenzausgabe der Ausg. 1959.

1332 [Nachwort:] Carl Georg von Maassen: *Rund um die Kaf-
feekanne.* Allerlei Betrachtungen über den Kaffee und
seine Zubereitung. Mit einem Nachwort von Carl Graf v.
Klinckowstroem.
Hamburg: Broschek (1960). 101 S.
Nachwort S. 95–98, gez.: Carl Graf v. Klinckowstroem

1333 Backofen – Bäcker – Brot. Ein bibliographischer Versuch.
Von Carl Graf v. Klinckowstroem.
BB 15: 23.2.1960, 285–288

1334 Salz. Ein bibliographischer Versuch. Von Carl Graf v.
Klinckowstroem.
BB 39: 17.5.1960, 741–744

1335 Backen und Brot.
BB 46: 10.6.1960, 1000
Von Carl Graf v. Klinckowstroem.

1336 Straßenbau. Ein bibliographischer Versuch. Von Carl Graf v. Klinckowstroem.
BB 46: 10.6.1960, 1000–1002

1337 Brunnenbau und Bohrtechnik. Versuch einer Bibliographie. Von Carl Graf v. Klinckowstroem.
BB 54: 8.7.1960, 1159–1161

1338 Humboldt und Einstein.
BB 61: 2.8.1960, 1287–1288
Carl Graf v. Klinckowstroem
Zu: Julius Löwenberg: *Alexander von Humboldt. Bibliographische Übersicht seiner Werke, Schriften und zerstreuten Abhandlungen.* Unveränderter Neudruck [...] Stuttgart: Brockhaus 1960. 68 S. 8°

1339 Erfindungsgeschichtliche und Secreta-Literatur.
BB 76: 23.9.1960, 1539–1540
Carl Graf v. Klinckowstroem

1340 Das ältere Schrifttum über den Blitzableiter. Ein bibliographischer Versuch. Von Carl Graf v. Klinckowstroem.
BB 83: 18.10.1960, 1834–1838, 2094

1341 Kaffee – Schokolade – Tee. Eine Bibliographie. Von Carl Graf v. Klinckowstroem.
BB 89: 8.11.1960, 1947–1950
Zu: Wolf Mueller: *Bibliographie des Kaffee, des Kakao, der Schokolade, des Tee und deren Surrogate bis zum Jahre 1900.* Bad Bocklet, Wien, Zürich, Florenz: Walter

Krieg 1960. X, 227 S. gr.8° (Bibliotheca bibliographica
20.)

1342 Das chemische Feuerzeug. Versuch einer Bibliographie
(bis 1835). Von Carl Graf v. Klinckowstroem.
BB 93: 22.11.1960, 2007–2010

1343 Der Brennspiegel. Versuch einer Bibliographie. Von Carl
Graf v. Klinckowstroem.
BB 102: 23.12.1960, 2376–2379

1344 Georg Agricola.
BB 102: 23.12.1960, 2383–2385
Carl Graf v. Klinckowstroem

1345 Carl Georg von Maassen.
BB 1960, 1270–1271
Carl Graf v. Klinckowstroem
[Aus *Rund um die Kaffeekanne.*]

1346 Wozu Bibelverse manchmal gut sind.
Rundfunkhörer 1960:13.
v. Kl.

1347 Gastronomische Anekdoten.
Rundfunkhörer 1960:14.
v. Kl.

1348 Eine Handvoll Anekdoten.
Rundfunkhörer Nr 17 für 7. bis 20.8.1960
v. Kl.

1349 Bücherzensur.
Rundfunkhörer Nr 17 für 7. bis 20.8.1960
v. Kl.

1350 Anekdoten.
Rundfunkhörer Nr 17 für 7.-20.8.1960
v. Kl.

1351 Der gute Titel.
Rundfunkhörer Nr 20 für 18.9 bis 1.10.1960
v. Kl.

1352 Das Faß.
Rundfunkhörer Nr 22 für 16.10. bis 20.10..1960
v. Kl.

1961

1353 Die Seife. Versuch einer Bibliographie. Von Carl Graf
von Klinckowstroem.
BB 27: 5.4.1961, 515–517

1354 Drechsler und Drehbank. Versuch einer Bibliographie bis
etwa 1800. Von Carl Graf v. Klinckowstroem.
BB 44: 2.6.1961, 921–924

1355 Bibliographie der Münzkunde.
BB 44: 2.6.1961, 928
Carl Graf v. Klinckowstroem

1356 Von der Weberei. Versuch einer Bibliographie des älteren deutschen Schrifttums. Von Carl Graf von Klinckowstroem.
BB 49: 20.6.1961, 1002–1005

1357 Von der Färbekunst. Versuch einer Bibliographie bis ca.
1800. Von Carl Graf v. Klinckowstroem.
BB 77: 26.9.1961, 1469–1472

1358 Die Töpferkunst. Ein bibliographischer Versuch. Von
Carl Graf v. Klinckowstroem.
BB 95: 28.11.1961, 2050–2052

1359 Der Nadler. Versuch einer Bibliographie. Von Carl Graf
v. Klinckowstroem.
BB 95: 28.11.1961, 2054–2055

1360 Gerber und Lederer. Versuch einer Bibliographie. Von
Carl Graf v. Klinckowstroem.
BB 102: 22.12.1961, 2297–2300

1361 Schloß und Schlosser. Versuch einer Bibliographie. Von
Carl Graf v. Klinckowstroem.
BB 102: 22.12.1961, 2301–2303

1362 Fischer, Johann Karl (Mathematiker; Physiker; 1760 oder
1761 bis 1833).
NDB 5.1961, 191–192
Carl Graf v. Klinckowstroem

1363 Fürst, Artur (technischer Schriftsteller; 1880 bis 1926).
NDB 5.1961, 692
Carl Graf v. Klinckowstroem

1364 Der Schädel als Trinkgefäß.
Rundfunkhörer Nr 6 für 5.-18.März 1961
v. Kl.

1365 Anekdoten: Von alten Stammbüchern. Kindermund.
Rundfunkhörer Nr 7 für 18.-31.3.1962
v. Kl.

1366 Molière und die geweihte Erde. Die Zensur.
Rundfunkhörer Nr 14 für 25.6.-8.7.1961
v. Kl.

1367 Georg Christoph Lichtenberg über das Buch.
Rundfunkhörer Nr 15 für 9. bis 22.7.1961
v. Kl.

1368 Erforschung eines Grenzgebietes.
Münchner Merkur, Beibl. Merkur am Sonntag.
11/12.3.1961
Carl Graf v. Klinckowstroem
Zu: Rudolf Tischner: *Geschichte der Parapsychologie*. 2
Teile. Tittmoning: Pustet. 364 S.

1369 Die Feuerwache auf dem Petersturm. Vor 120 Jahren ent-
warf August Steinheil das «Pyroskop». Nächtlicher
Brand auf ein Panoramabild projiziert.
Münchner Merkur 25. Aug. 1961, S. 17

1962

1370 Steinmetze, Maurer, Ziegler. Versuch einer Bibliographie.
Von Carl Graf von Klinckowstroem.
BB 88: 2.11.1962, 1928–1931

1371 Seil und Seiler. Versuch einer Bibliographie. Von Carl
Graf v. Klinckowstroem.
BB 95: 27.11.1962, 2100–2101

1372 Büchse und Büchsenmacher. Versuch einer Bibliographie
(bis 1800). Von Carl Graf von Klinckowstroem.
BB 100: 14.12.1962, 2218–2220

1373 Otto von Guericke.
BB 100: 14.12.1962, 2221–2222
Carl Graf v. Klinckowstroem

1374 Der alte Buchladen im Bilde. Von Carl Graf von Klinckowstroem.
BB 27a: 4.4.1962, 611–615

1375 Wagen und Wagner. Versuch einer Bibliographie (bis ca.
1800). Von Carl Graf v. Klinckowstroem.
BB 33: 25.4.1962, 731–733

1376 Zinn. Versuch einer Bibliographie. Von Carl Graf v.
Klinckowstroem.
BB 41: 22.5.1962, 851–854

1377　Der gute Titel.
　　　Rundfunkhörer für 15.4.–8.4.1962
　　　v. Kl.

1378　Luther und die Bratwurst.
　　　Rundfunkhörer Nr 7 für 18.–31.3.1962
　　　v. Kl.

1963

1379　Soda. Versuch einer Bibliographie. Von Carl Graf v.
　　　Klinckowstroem.
　　　BB 49: 19.6.1963, 1113–1115

1380　Ein Gegner der Curiosa-Literatur. Ein bibliophiler Rück-
　　　blick. Von Carl Graf v. Klinckowstroem.
　　　BB 58: 19.7.1963, 1263–1265

1381　Zauberbücher.
　　　BB 76: 20.9.1963, 1727–1728
　　　Carl Graf von Klinckowstroem

1382　Erfindungsschutz und Schutz des geistigen Eigentums.
　　　BB 17: 26.2.1963, 370
　　　Carl Graf von Klinckowstroem

1383　Goldschmied, Juwelier und Edelsteinschleifer. Versuch
　　　einer Bibliographie. Von Carl Graf v. Klinckowstroem.
　　　BB 91: 12.11.1963, 2015--018

1384 Trinkwasserfiltration. Versuch einer Bibliographie. Von
Carl Graf v. Klinckowstroem
BB 99: 10.12.1963, 2282--285

1385 Anekdoten.
Rundfunkhörer 18 v. 18.-31. Aug. 1963
v. Kl.

1386 Weihnachtliches. Von Carl Graf von Klinckowstroem.
Sonntagsblatt Staatszeitung und Herold 22.12.1963 (Das
Reich der Frau)

1964

1387 Carl Erenbert Freiherr von Moll als Sammler.
Unser Bayern. Heimatbeilage d. Bayerischen Staats-
zeitung. Okt. 1964, S. 79
Carl Graf von Klinckowstroem

1388 Kempelens Schachmaschine. Versuch einer Biblio-
graphie. Von Carl Graf v. Klinckowstroem.
BB 39: 15.5.1964, 989–992
Dazu: Egbert Meissenburg: Nochmals: Kempelens
Schachmaschine. *BB* 1965, 2237-2240

1389 Ein paar alte Buch-Curiosa. Mitgeteilt von Carl Graf v.
Klinckowstroem.
BB 45: 5.6.1964, 1109–1110

1390 Opfer des Buches.
BB 62: 4.8.1964, 1596–1597
Klinckowstroem

1391 Morgenstern französisch.
      BB 62: 4.8.1964, 1597
      Klinckowstroem

1392 Spuk und Gespenster als literarisches Motiv. Eine Plau-
      derei. Von Carl Graf v. Klinckowstroem.
      BB 62: 4.8.1964, 1600–1603

1393 Die Kathederblüte. Von Carl Graf v. Klinckowstroem.
      BB 62: 4.8.1964, 1602–1603

1394 Von alten Zeitungsenten. Von Carl Graf v. Klinckow-
      stroem.
      BB 75: 18.9.1964, 1846–1849

1395 Spuk und Gespenster als literarisches Motiv. Ein Nach-
      trag.
      BB 86: 27.10.1964, 2102
      Carl Graf v. Klinckowstroem

1396 Unheimliche Geschichten. Noch ein Nachtrag zu Spuk
      und Gespenster.
      BB 101: 18.12.1964, 2497
      Carl Graf v. Klinckowstroem

1397 Gab es die gute alte Zeit? Aus der Geschichte technischer
      Errungenschaften. Von Carl Graf v. Klinckowstroem.
      Sonntagsblatt [New York] 2.2.1964

1398 Luther las noch keine Zeitung. Aus der Geschichte technischer Errungenschaften. Wie alt sind Zündhölzer und Papier?
Iserlohner Kreisanzeiger und Zeitung 22./23. Aug. 1964
Carl Graf v. Klinckowstroem

1965

1399 Geschichte der Wissenschaften. Ein kurzer Überblick. Von Carl Graf von Klinckowstroem.
BB 7: 26.1.1965, 108–110

1400 Einige Bemerkungen zum Thema: Geschichte der Technik. Von Carl Graf v. Klinckowstroem.
BB 11: 9.2.1965, 192–195

1401 «Ist eine antike Kuh eine alte Kuh?» Eine Erinnerung an die Sprachfeger. Von Carl Graf v. Klinckowstroem.
BB 16: 26.2.1965, 277–279

1402 Historische Wahrheit oder «Fable convenue»?
BB 19: 9.3.1965, 506–507
Carl Graf v. Klinckowstroem

1403 Gelehrte Irrtümer. Falsche Hieroglyphen. Falsche Fossilien. Die Erde eine Hohlkugel? Von Carl Graf v. Klinckowstroem.
BB 31: 21.4.1965, 728–729

1404 Merkwürdige Bibelexegesen. Von Carl Graf v. Klinckowstroem.
BB 41: 25.5.1965, 917–919

1405 Ein Blick in die erfindungsgeschichtliche Kuriositäten-
      kammer. Von Carl Graf v. Klinckowstroem.
      BB 49: 22.6.1965, 1182–1184

1406 Die älteren deutschsprachigen Bücher über die Ge-
      schichte der Erfindungen. Von Carl Graf v. Klinckow-
      stroem.
      BB 56: 16.7.1965, 1423–1427

1407 Vom Krieg in der Gelehrtenrepublik. Von Carl Graf v.
      Klinckowstroem.
      BB 61: 3.8.1965, 1535–1538

1408 Rad und Wagen. Ein kleiner Nachtrag. [Zu: Wagen und
      Wagner. 1962]
      BB 83: 19.10.1965, 2237
      Carl Graf v. Klinckowstroem

1409 Conde Carl von Klinckowstroem: *Historia de la tecnica.*
      Del descubrimiento del fuego a la conquista del espacio.
      (Traducción del alemán por Luis Correal Cubells;
      revisión técnica por Roberto Dublang.)
      Barcelona: Labor 1965. XII, 526 S.

1410 *Die Technik der Vorzeit, der geschichtlichen Zeit und der
      Naturvölker* / Franz Maria Feldhaus. [Hrsg.: Carl Graf v.
      Klinckowstroem]
      2. Aufl. Faks.-Verfahren unter Hinzufügung von späte-
      ren Originalbeitr. des Verf.
      München: Moos, 1965. 1400 S., 52 Sp., 6 S.
      Rückent.: Die Technik: ein Lexikon

1966

1411 Carl Georg von Maassen: *Der grundgescheute Anti-quarius*. Freuden und Leiden eines Büchersammlers für Kenner und Liebhaber zusammengestellt und mit einem Vorwort versehen von Carl Graf von Klinckowstroem; mit einer biographischen Einleitung von Alfred Bergmann.
Frechen: Bartmann Verlag (1966). 380 S.

1412 Gravenhorst (Braunschweiger Familie).
NDB 7.1966, 12
Carl Graf v. Klinckowstroem

1413 Gravenhorst, Friedrich (Straßenbautechniker; 1835 bis 1915).
NDB 7.1966, 12
Carl Graf v. Klinckowstroem

1414 [Rez.] A. C. Crombie: Von Augustin bis Galilei. Die Emanzipation der Naturwissenschaft. Köln, Berlin: Kiepenheuer & Witsch 1964. XXIII, 637 S., 63 Bildtaf. u. Abb. im Text.
Technikgschichte 1966, H. 1, S. 72–73
Carl Graf v. Klinckowstroem

1415 Ungeklärter Anruf aus London.
Münchner Merkur 14./15. Mai 1966
Carl Graf v. Klinckowstroem

1416 Alte Anekdoten.
Motor im Bild 20.1966:3 (März)
Ungezeichnet

1417 Aus der Geschichte der Mundharmonika. «Maultrom-
meln» sind seit dem 14. Jahrhundert bekannt.
VDI-Nachrichten Nr 50 v. 14. Dez. 1966, S. 10
C. Graf v. Klinckowstroem

1967

1418 Zur Geschichte des Göpels. Von Carl Graf v. Klinckowstroem.
Technikgeschichte 34.1967, 29–35

1419 Schüttelreime.
BB 83: 17.10.1967, 2405–2406
Carl Graf v. Klinckowstroem

1420 Carl von Klinckowstroem: *Nouvelle histoire des tech-
niques*.
Paris: Éditions du Sud – Albin Michel 1967. 431 S.
Traduit de l'allemand par Arlette Marinie.

1421 Frauen als Pioniere der Luftfahrt. Die ersten Luftballon-
Fahrerinnen.
VDI-Nachrichten 16: 19. April 1967, S. 11
Graf Klinckowstroem

1968

1422 Carl Graf von Klinckowstroem: *Die Zauberkunst. Mei-
ster, Geschichte, Tricks*. Mit 35 Abbildungen.

(München:) Deutscher Taschenbuch Verlag (1968). 144 S. m. Abb. 8°
(dtv-Taschenbücher 529.)
Die Originalausgabe erschien 1954.

1969

1423 Hautsch, Hans (Mechaniker; Erfinder; 1594 oder 1595 bis 1670).
NDB 8.1969, 132–133
Carl Graf v. Klinckowstroem

1424 Henkel, Fritz (Waschmittelfabrikant; 1848 bis 1930).
NDB 8.1969, 527; 10, S. 645
Carl Graf v. Klinckowstroem

1970

1425 F. M. Feldhaus: *Die Technik der Vorzeit, der geschichtlichen Zeit und der Naturvölker.*
Wiesbaden: Löwit (1970).
Vorw. zur zweiten Auflage, 5, gez.: Carl Graf v. Klinckowstroem
1. Aufl. 1914

1978

1426 Carl Graf von Klinckowstroem und Gerhard Schott: Bibliographie Carl Georg von Maassen.
Carl Georg von Maassen. Sammler und Forscher.
München: Die Mappe 1978, 39–53

Nach den biographischen Skizzen hat Klinckowstroem die Reihe *Klassiker der Naturwissenschaft und Technik* gemeinsam mit Dr. Franz Strunz herausgegeben. Auf dem Titelblatt der Bände Lamarck und Kepler ist jedoch nur angegeben «Herausgegeben von Dr. Franz Strunz».

Lamarck: Die Lehre vom Leben, seine Persönlichkeit u. das Wesentliche aus seinen Schriften: kritisch dargestellt von Friedrich Kühner. Jena: Diederichs 1913. VIII, 259 S. (Klassiker der Naturwissenschaft und Technik 12.)

Die Zusammenklänge der Welten: Neue Sternkunde; Auseinandersetzung mit dem Sternenherold. Schöpfungsgeheimnis in Weltentiefen / Johann Kepler. Hrsg. u. übers. von Otto J. Bryk.
Jena: Diederichs 1918. 52, 367 S.
(Klassiker der Naturwissenschaft und Technik 9.)

1427   [Mithrsg.] *Plinius und seine Naturgeschichte in ihrer Bedeutung für die Gegenwart* von Friedrich Dannemann. Jena: Diederichs 1921. 250 S.
(Klassiker der Naturwissenschaft und Technik 5.)

Im Band Kepler befindet sich eine Verlagsanzeige der Reihe:
Klassiker der Naturwissenschaft und Technik. Herausgegeben von Graf Karl von Klinckowström und Privatdozent Dr. Franz Strunz.
Anlageplan der I. Reihe:
Primitive und exotische Technik H. Th. Horwitz-Wien
Antike Physiker   Dr. Arthur Erich Haas-Wien

Antike Techniker	Dr. Max C. P. Schmidt-Berlin
Vitruv	Dr. H. Degering-Berlin
Plinius	Dr. Friedrich Dannemann-Barmen
Albertus Magnus	Dr. Hermann Stadler-München
Roger Bacon	Dr. Sebastian Vogl-Passau
Mittelalterliche Technik	F. M. Feldhaus-Berlin
Galilei	Dr. Anton Lampa-Prag
Kepler	Dr. Otto J. Bryk-Wien
Newton	Dr. Arthur Erich Haas-Wien
Lamarck	Dr. F. Kühner-Eisenach

Ohne Quellenangaben [Aufnahme nach Ausschnitten]

1428 Zur Psychologie des Okkultisten. Vortrag gehalten am 8. Juli 1927 von Graf Carl v. Klinckowstroem.
[Quelle?] S. 68–88

1429 Maibaum und Maifeiern. Von Carl Graf v. Klinckowstroem.
Deutsche Tagespost [Datum?] S. 8

1430 Franz M. Feldhaus zum 50. Geburtstag.
[Nicht identif. Zeitung] 1924
Graf Karl v. Klinckowstroem, München

1431 Was wissen wir vom Mars? Von Graf Carl v. Klinckowstroem.
[Nicht identif. Quelle]

1432 Von Medien, die aus der Schule plaudern. Von Carl Graf
      v. Klinckowstroem.
      [Illustrierte Zs.] Nr 4471, S. 686, 714

1433 Zwei deutsche Vorläufer Zeppelins.
      DAZ 30. Aug. [Jahr?]
      C. v. Klinckowstroem

1434 Mandeln erstlich, rat ich dir ... Kulturgeschichtliches über
      Christbaum, Pfefferkuchen und Marzipan. Von Carl Graf
      Klinckowstroem.
      [Nicht identif. Quelle]

1435 Von uralten Leuten. Von Graf Karl v. Klinckowstroem
      [Nicht identif. Quelle]

Literatur über Klinckowstroem

Reichshandbuch der deutschen Gesellschaft. 1930, I, 947

J. C. Poggendorff: *Biographisch-literarisches Handwörterbuch der exakten Wissenschaften*. VIIa/2. 1958, 784 [Mitteilung Klinckowstroems]

C. v. Klinckowstroem 70 Jahre alt!
Neue Wissenschaft 4.1954, 322
P. R[ingger]

Carl Graf von Klinckowstroem, Dieselmedaillen-, Kuratoriums- und Ehrenmitglied des deutschen Erfinderverbandes, 75 Jahre alt.
DEV-Mitteilungen 1959: Juli/Sept., 6–7

Adolph, Rudolf: Carl Graf von Klinckowstroem – 75 Jahre.
BB 68: 25.8.1959, 1005–1006

Kürschners Deutscher Gelehrtenkalender. 1961,I, 995

E. S[chulte] S[trathaus]: Carl Graf v. Klinckowstroem – 80 Jahre.
BB 20.1964:75, 1845

Weiher, Siegfried von: Carl Graf von Klinckowstroem†
Technik + München 1969:12, 721

Weiher, Siegfried von: Früher Förderer der Technikgeschichte.
VDI-Nachrichten 23.1969:38, S. 31

[Adolph, Rudolf:] Abschied von Carl Graf von Klinckowstroem.
BB 25.1969:74, 2138–2139
R. A.

Klinckowstroem, Charlotte Gräfin von: In memoriam Carl Graf
von Klinckowstroem.
Zeitschrift für Radiästhesie 22.1970, 119–121

Seherr-Thoß, Hans Christoph Graf von: Klinckowström, Carl
Graf v.
Neue Deutsche Biographie 12.1979, S. 74

[Friedrich Klemm:] Carl Graf von Klinckowstroem, ein Pionier
der Technikgeschichte.
Kultur & Technik 5.1981:1, S. 32–36, 5.1981:2, S. 119–124
Darin: Klinckowstroem: Kleine Kulturgeschichte der alltäglichen Dinge.

Husberg, Volker: Technikgeschichte als Kulturgeschichte. Carl
Graf von Klinckowstroem.
*Technische Intelligenz und Kulturfaktor Technik: Kultur-
vorstellungen von Technikern und Ingenieuren zwischen Kai-
serreich und früher Bundesrepublik.* Münster: Waxmann 1996,
133–154

B. Fabian (Hrsg.): *Handbuch der historischen Buchbestände in
Deutschland, Handbuch der historischen Buchbestände in
Österreich, Handbuch deutscher historischer Buchbestände in
Europa.* Hildesheim: Olms Neue Medien 2003,
Eintrag: Deutsches Museum I.10

Wilhelm Füßl: Nachlass Carl Graf von Klinckowstroem. *Deutsches Museum: Archiv-Info* 1. Jg, Heft 2, München 2000, S. 2–3
Nachlaß (NL 070) im Deutschen Museum, München. 54 Schachteln. Ein Findbuch existiert, ist aber nicht online zugänglich.

Wolfgang König: *Die technikhistorische Forschung in Deutschland von 1800 bis zur Gegenwart.* Kassel: Kassel University Press 2007, S. 118–120

Wikipedia (nachgeschlagen 29.3.2014)

Namenregister

R =Rezension

Klinckowstroem, Charlotte von S
Klinckowstroem, Maria von 3, 9, 11
Köhler, W. 305R
Konfuzius 939
König 63
König, Paul 264R
König, Wolfgang S
Kopp, J. 1118j, 1118m, 1136R, 1137R, 1241R
Körner, Otto 122R
Krafft, (Prof.) 121R
Kraus 776
Kronfeld, E. M. 196R
Kyeser, Konrad 757
Lambert, Rudolf 692R
Lamer, Hans 321
Lavater, Johann Caspar 1143b
Lehmann, Alfred 709R
Lehmann, E. 176R
Leibniz, Gottfried Wilhelm 736
Leimbach, Gotth. 126R
Leinberger 300
Lemberg, K. 144
Lenz, Nicolaus 488
Leonardo da Vinci 235, 368, 489
Lichtenberg, Georg Christoph 1367
Liebmann, Louis 60R, 86R
Liesegang, F. Paul 338-345, 713R
Ligneville, (Graf) 1155
Linnebach, Karl 157R
Lippmann, E. O. von 279R
Lipschütz, Alexander 236

Titelregister
(maschinell sortiert)

R = Rezension